# 施工现场用电组织设计编制指南

徐荣杰　主编

中国建筑工业出版社

图书在版编目（CIP）数据

施工现场用电组织设计编制指南/徐荣杰主编. —北京：中国建筑工业出版社，2013.8
ISBN 978-7-112-15600-9

Ⅰ.①施… Ⅱ.①徐… Ⅲ.①建筑工程-施工现场-用电管理-指南 Ⅳ.①TU731.3-62

中国版本图书馆 CIP 数据核字（2013）第 160469 号

施工现场用电组织设计编制指南
徐荣杰 主编
*
中国建筑工业出版社出版、发行（北京西郊百万庄）
各地新华书店、建筑书店经销
北京科地亚盟排版公司制版
廊坊市海涛印刷有限公司印刷
*
开本：850×1168 毫米 1/32 印张：6 字数：160 千字
2013 年 8 月第一版 2013 年 8 月第一次印刷
定价：**20.00** 元
ISBN 978-7-112-15600-9
（24149）

本书作者为《施工现场临时用电安全技术规范》JGJ 46—2005第一起草人。正文共分5个部分，内容分别为：用电组织设计编制概述；用电组织设计编制的依据；用电组织设计编制的原始资料；用电组织设计编制的内容；用电组织设计的计算机辅助编制方法。附录中编入了与编制临时用电组织设计相关的主要技术资料和管理资料。其中包括部分导线、电缆选配表，部分电器选配表，全国年平均雷暴日数表，以及用电组织设计的管理等。这些资料可供在编制临时用电组织设计时查阅。

本书主要供建设工程施工、管理、监督、检查、科研、教育培训等领域人员使用，亦可供大中专院校师生使用。

* * *

责任编辑：郭　栋
责任设计：张　虹
责任校对：张　颖　刘　钰

# 前　言

《施工现场用电组织设计编制指南》是为贯彻《施工现场临时用电安全技术规范》JGJ 46—2005（以下简称《规范》），适应国家对新技术应用要求而编写的一部专门用于指导编制施工现场临时用电组织设计的专业书籍。全书由正文和附录两大部分组成。

本书正文共分5个部分，其中各组成部分的主要内容简述如下：

1. 用电组织设计编制概述

介绍《规范》对施工现场编制临时用电组织设计的相关规定。包括编制要求，编制人员，“编、审、批”程序，编制内容，以及与构建临时用电工程之间的关系等。同时强调编制临时用电组织设计对于贯彻《规范》，构建临时用电工程以及确保施工现场用电安全的必要性和重要性。

2. 用电组织设计编制的依据

介绍编制临时用电组织设计所必须依据的相关规范、标准。特别重点突出阐述编制临时用电组织设计，以及构建临时用电工程所必须遵从的三项基本技术原则。即：①采用三级配电系统；②采用TN—S接零保护系统；③采用二级漏电保护系统。

3. 用电组织设计编制的原始资料

介绍编制临时用电组织设计所必须具备的全部基础性技术条件，包括工程项目内容、施工工艺、现场状况、用电设备配备及供电电源配置等。

4. 用电组织设计编制的内容

介绍临时用电组织设计中应当具体包括的项目，以及各相关项目的设计内容、编制程序、编制方法和对编制结果的具体要求等。各编制项目的具体名称按顺序为：①现场勘测。②确定电源与用电系统的总体设置。③负荷计算。④供电变压器的选择。⑤设计配电系统。包括设计配电线路及选择导线或电缆；设计配电装置及选择电器；设计接地装置；绘制临时用电工程的用电工程总平面图、配电装置布置图、配电系统图、接地装置设计图。⑥设计防雷装置。⑦确定防护措施。⑧制定安全用电措施和电气防火措施。

5. 用电组织设计的计算机辅助编制方法

介绍与本书并行配套开发的一种可用于施工现场临时用电组织设计规范化编制的计算机辅助软件，以适应信息化技术在建设行业创新发展中的应用。内容为：①用电组织设计信息化概述；②用电组织设计信息化解决方案；③用电组织设计计算机辅助软件功能说明。

全书正文中的第 1、2、3 部分是作为编制临时用电组织设计的前提条件而编入的，特别是第 2 部分“设计编制依据”贯穿于全部设计内容和过程之中。正文第 4 部分是全书的主体，它是临时用电组织设计应当包括的实质组成部分。正文第 5 部分则是全书主体的信息化体现。

本书附录中编入了与编制临时用电组织设计相关的主要技术资料和管理资料。其中包括部分导线、电缆选配表，部分电器选配表，全国年平均雷暴日数表，以及用电组织设计的管理等。这些资料可供在编制临时用电组织设计时查阅。

本书主要适用于从事建设工程施工、管理、监督、检查、科研、教育培训等领域工作的管理干部、电气工程技术人员、安全人员，及相关专业人员等作为必要的专业技术工作参考书。本书亦可作为大专院校相关安全工程专业师生的教学参考书。

本书力求充分贴近施工现场实际，内容翔实、通俗易懂，又严谨体现《规范》的规定，因而具有很强的实用性，可以作为规范化编制施工现场临时用电组织设计的指南和模板。

本书由沈阳建筑大学徐荣杰主编。本书为《施工现场临时用电安全技术暨图解》的姊妹篇。

参加本书筹划编著工作的有辽宁省建设工程安全监督总站李云江和湖南省建设工程质量安全监督管理总站刘玉辉，中国石油天然气管道工程有限公司东北分公司傅永海、徐文涛。

参加本书编著工作的还有烟台海蓝计算机公司的刘书剑。刘书剑根据本书阐明的施工现场临时用电组织设计的编制思想、程序、内容和规则，提供技术支持，协助开发了配套的用电组织设计计算机辅助软件。

期望本书能对规范施工现场临时用电组织设计，促进用电组织设计编制的科学化、信息化，提升用电组织设计编制效率，从而完善施工现场临时用电工程和用电系统，完善用电安全技术与用电安全管理提供有益指导；同时，也期望本书能对所有使用本书的读者有所帮助。书中不当之处，欢迎不吝指教。

本书封面设计者为东北建筑设计研究院师富智。

# 目　录

# 1 用电组织设计编制概述

施工现场临时用电组织设计是施工现场规范化用电管理的重要组成部分。《施工现场临时用电安全技术规范》JGJ 46—2005（以下简称《规范》）3.1.1条规定："施工现场临时用电设备在5台及以上或设备总容量在50kW及以上者，应编制用电组织设计。"按照这一规定，对于绝大多数施工现场来说，一般均应编制用电组织设计。

施工现场规范化用电管理中要求编制用电组织设计的目的主要是用于指导正确构建符合《规范》技术条款要求，并适应施工现场用电需要的临时用电工程或系统，以确保施工现场用电安全可靠、经济合理、方便适用。也就是说，施工现场的临时用电工程或系统，绝对不可以随意构建和使用，它必须与用电组织设计在用电技术上，特别在用电安全技术上保持一致。

由此可见，施工现场临时用电组织设计的编制，必须严肃认真、严谨科学。对此，《规范》作为强制性条文在第3.1.4条规定：临时用电组织设计及变更时，必须履行"编制、审核、批准"程序，由电气工程技术人员组织编制，经相关部门审核及具有法人资格企业的技术负责人批准后实施。变更用电组织设计时应补充有关图纸资料。也就是说，施工现场临时用电组织设计必须经过符合《规范》规定的严格"编、审、批"程序方为有效。其中，用电组织设计的相关审核部门是指相关安全、技术、设备、材料、监理等部门。

不仅如此，《规范》作为强制性条文在第3.1.5条进一步规定：临时用电工程必须经编制、审核、批准部门和使用单位共同验收，合格后方可投入使用。也就是说，施工现场临时用电组织设计最终是作为构建、验收和使用临时用电工程或系统的主要依据。

为了保证施工现场临时用电能够从施工一开始就符合《规范》规定的要求，作为用电工程或系统构建依据的施工现场临时用电组织设计的编制在工程项目投标时就应形成基本框架，即形成初步设计，并在中标签订合同后详细编制完成。继而在履行“编、审、批”程序后，用于指导构建现场施工所需的临时用电工程或系统。

如上所述，在保障施工现场临时用电的安全可靠性、经济合理性、方便适用性方面，最首要、最基础的用电管理工作就是按照《规范》的规定，结合施工现场实际编制内容完备、可操作实施的临时用电组织设计。对此，《规范》第 3.1.2 条已给出明确具体的规定，即施工现场临时用电组织设计的内容和步骤应包括以下条款：

（1）现场勘测。

（2）确定电源进线、变电所或配电室、配电装置、用电设备位置及线路走向。

（3）进行负荷计算。

（4）选择变压器。

（5）设计配电系统：

1）设计配电线路，选择导线或电缆；

2）设计配电装置，选择电器；

3）设计接地装置；

4）绘制临时用电工程图纸，主要包括用电工程总平面图、配电装置布置图、配电系统接线图、接地装置设计图。

（6）设计防雷装置。

（7）确定防护措施。

（8）制定安全用电措施和电气防火措施。

《规范》第 3.1.2 条则进一步明确规定：临时用电工程图纸应单独绘制，临时用电工程应按图施工。

在编制“施工现场用电组织设计”前，如同一般工程设计一样，首先应当明确具体设计任务。设计任务必须事先计划清楚并具体化，由相关责任部门或责任人下达，切忌随意性、盲目性和抽象性。

在编制“施工现场用电组织设计”前，除了应当明确具体设计任务以外，还必须明确和掌握与设计任务密切相关的设计依据，其中最主要的就是《施工现场临时用电安全技术规范》JGJ 46—2005，当然也包括其他相关的现行国家和行业标准、规范。应当说明确和掌握相关用电设计规范和标准，是规范化编制“施工现场用电组织设计”的基本保障。

在编制“施工现场用电组织设计”前，还必须熟知工程概况，施工工艺和设备，以及现场状况等技术条件。这些所谓技术条件就是作为设计出发点的原始资料。只有按照这些相关原始资料进行用电组织设计的编制，才能使所编制的用电组织设计符合施工现场实际。

一个完整的“施工现场临时用电组织设计”应涵盖《规范》规定的如上所述全部 8 项内容，并且要形成一个总体设计说明书和相配套的设计图纸。其中总体设计说明书和相配套的设计图纸可由各单项设计说明书和相关图纸组成。

施工现场临时用电组织设计的编制与施工现场临时用电工程的构建应当是一一对应的。如果互相脱节，则将失去编制用电组织设计的应有之意。还可能对用电安全构成潜在隐患，给用电管理造成混乱。

编制“施工现场临时用电组织设计”是一项技术性和法规性很强的工作。必须按照《规范》的规定，进行编制的管理，以确保其严肃性、有效性和权威性；

同时，应加强计算机软件技术的应用，以提高编制效率和信息化水平。

# 2 用电组织设计编制的依据

施工现场临时用电组织设计编制的主要依据是：

（1）《施工现场临时用电安全技术规范》JGJ 46—2005

《施工现场临时用电安全技术规范》JGJ 46—2005 中 1 总则第 1.0.2 条规定：本规范适用于新建、改建和扩建的工业与民用建筑和市政基础设施施工现场临时用电工程中的电源中性点直接接地的 220/380V 三相四线制低压电力系统的设计、安装、使用、维护和拆除。因此，在编制施工现场临时用电组织设计时，必须符合本规范的规定。

（2）国家现行相关标准、规范

《施工现场临时用电安全技术规范》JGJ 46—2005 中 1 总则第 1.0.4 条规定：施工现场临时用电，除应执行本规范的规定外，尚应符合国家现行有关强制性标准的规定。也就是说，在编制施工现场临时用电组织设计时，如果遇到未被本规范所包括的技术问题时，则应按国家现行有关强制性标准执行。

为了使施工现场临时用电组织设计的编制能够正确地贯彻、体现上述设计依据的要求，首先必须明确设计依据中的核心技术要点。这种所谓核心技术要点实质上就是指所设计和构建的施工现场临时用电工程或系统应具有什么样的基本结构形式。

上述问题在《规范》总则第 1.0.3 条中已经做出清晰的说明，明确对施工现场临时用电工程或系统的基本形式做出了强制性的规定，即：建筑施工现场临时用电工程专用的电源中性点直接接地的 220/380V 三相四线制低压电力系统，必须符合下列规定：

（1）采用三级配电系统；

（2）采用TN—S接零保护系统；

（3）采用二级漏电保护系统。

以下对该三项核心技术要点作进一步具体阐述。

## 2.1 三级配电系统

所谓三级配电系统，是指在一个用电系统中，从总电源进线开始至各用电设备之间，均经过三个级别的配电装置逐级配送电力而组成的配电系统。

以下具体介绍施工现场三级配电系统的基本结构形式及其设置规则。

### 2.1.1 施工现场三级配电系统的基本结构形式

按照《规范》1总则和8配电箱及开关箱的规定，施工现场临时用电工程的配电系统应按三级设置，即从低压电力电源进线开始，应依次经由总配电箱（一级箱）或配电室的配电柜、分配电箱（二级箱）、开关箱（三级箱）三个级别的配电装置向用电设备配送电力。这种三级配电系统的基本结构形式可用一个系统框图来形象化地描述，如图2-1-1*A*和图2-1-1*B*所示。图2-1-1*A*和图2-1-1*B*所示的两种不同的配电系统结构形式是分别与两种不同的配线选择和配线形式相适应的，其中如图2-1-1*A*所示的三级配电系统结构形式适用于采用电缆放射式配线的配电系统；

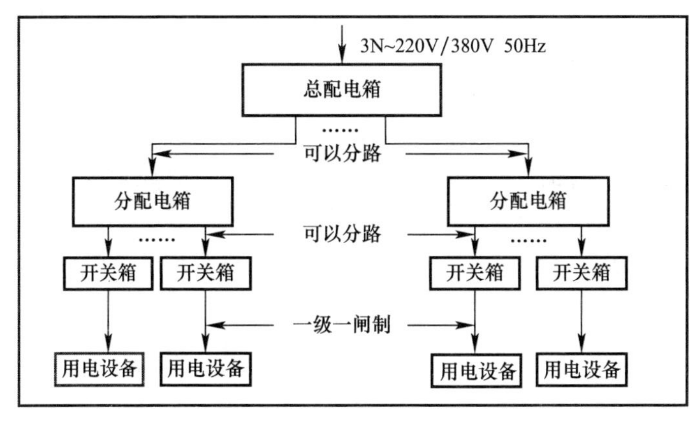


图2-1-1*A* 三级配电系统（采用电缆放射式配线）结构形式简图

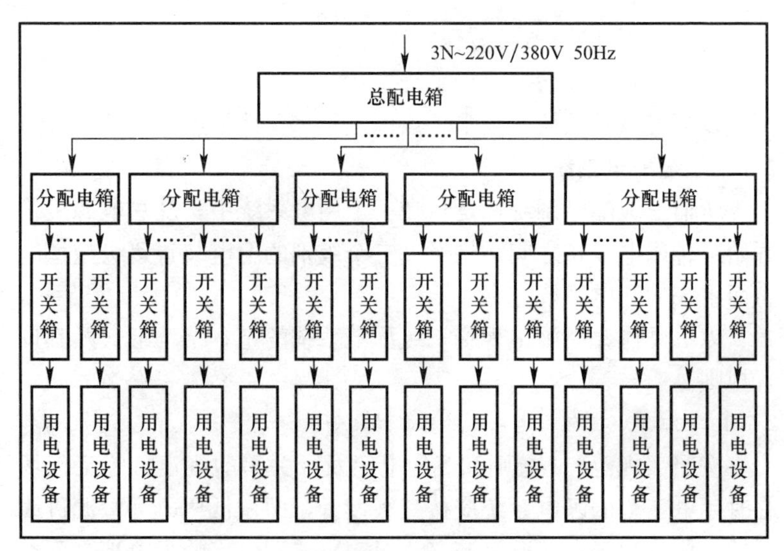

图 2-1-1*B* 三级配电系统（采用绝缘导线放射—树干式配线）结构形式简图

而图 2-1-1*B* 所示的三级配电系统结构形式则适用于采用绝缘导线放射—树干式配线的配电系统。

### 2.1.2 施工现场三级配电系统的设置规则

按照《规范》8 配电箱及开关箱中 8.1 配电箱及开关箱的设置的规定，施工现场三级配电系统的设置应遵从四项规则，即分级分路规则、动照分设规则、控制配电间距规则和环境安全规则。四项规则的具体含义如下：

1. 分级分路规则

所谓分级分路规则是指一级总配电箱、二级分配电箱、三级开关箱依次之间逐级分路配电的规则。分级分路规则可用以下三个要点说明：

（1）从一级总配电箱（配电柜）向二级分配电箱配电可以分路，即一个总配电箱（配电柜）可以分若干分路。每一分路可以向其一一对应的若干分配电箱配电；每一分路也可分支支接若干分配电箱。

（2）从二级分配电箱向三级开关箱配电同样也可以分路，即一个分配电箱也可以分若干分路。每一分路可以向其一一对应的若干开关箱配电，而其每一分路也可以支接若干开关箱或链接若干小容量用电设备的开关箱。

（3）从三级开关箱向用电设备配电实行所谓“一机一闸”制，不存在分路问题。即每一开关箱只能连接配电给一台与其相关联的用电设备（含插座），包括一组不超过 30A 负荷的照明器；或每一台用电设备必须有其独立专用的开关箱。

按照分级分路规则的要求，在三级配电系统中，任何用电设备均不得越级配电，即其电源线不得直接连接于分配电箱或总配电箱；任何配电装置也不得挂接其他“临时”用电设备。否则，三级配电系统的结构形式及其分级分路规则将被破坏。

分级分路规则是保障三级配电系统结构形式优化和使用安全、可靠、方便的基本规则。其优点主要表现在以下三个方面：

1）有利于配电系统停、送电的安全操作。

按照《规范》的规定，配电系统送电的操作顺序为：总配电箱（配电柜）—分配电箱—开关箱；停电的操作顺序为：开关箱—分配电箱—总配电箱（配电柜）。可以看出，实行分级分路配电以后，总配电箱（配电柜）和分配电箱在配电系统停、送电时均属于无负荷空载操作。而对于开关箱，仅当其用于直接启动和停止某些个别不附带控制器的用电设备时，才带负荷操作；当用电设备本身附带控制器（例如，塔式起重机、混凝土搅拌机及一些材料加工机械等）时，开关箱的停、送电操作仍属于空载操作。

2）有利于配电系统检修、变更、移动、拆除时有效断电，并能使断电范围缩至最小。

3）有利于提高配电系统故障（短路、过载、漏电）时系统自身保护的针对性和层次性，也有利于显示和判定系统故障时的故障点，并使故障停电范围缩至最小。

2. 动照分设规则

所谓动照分设规则，是指动力用电与照明用电分别配送的规则。动照分设规则可用以下两个要点说明：

（1）动力配电箱与照明配电箱宜分别设置；若动力与照明合置于同一配电箱内共箱配电，则动力与照明应分路配电。这里所说的配电箱包括总配电箱和分配电箱（下同）。

（2）动力开关箱与照明开关箱必须分箱设置，不存在共箱分路设置问题。

实行动照分设规则有利于防止动力用电和照明用电相互干扰，从而提高各自用电的可靠性。特别是在夜间高处、孔洞内及其他光线暗的场所内施工时，照明的重要性和可靠性尤为突出，所以实行动照分设是完善三级配电系统结构形式不可缺少的规则。另外，配电系统实行动照分设也特别适合于某些地区供电部门动、照用电分别计费的需要。

3. 控制配电间距规则

所谓控制配电间距规则是指配电装置设置位置及其相互关联的规则。控制配电间距规则可用以下三个要点说明：

（1）总配电箱应设在靠近电源的区域。

（2）分配电箱应设在用电设备或负荷相对集中的场所，分配电箱与开关箱的距离不得超过 30m。

（3）开关箱与其配电的固定式用电设备的水平距离不宜超过 3m。

实行控制配电间距规则的目的在于减少负荷矩，提高供电质量，方便用电管理和停电、送电操作。

控制配电间距规则的具体落实，应与施工现场的实际场所条件和用电需要情况相结合。

4. 环境安全规则

环境安全规则是指配电系统对其设置和运行环境安全因素的要求。环境安全规则可用以下五个要点说明：

（1）环境保持干燥、通风、常温。

（2）周围无易燃、易爆物及腐蚀介质。

（3）能避开外物撞击、强烈振动、液体浸溅和热源烘烤。

（4）周围无灌木、杂草丛生。

(5) 周围不堆放器材、杂物。

确立环境安全规则的目的是使配电系统能有一个安全的运行环境。防止系统运行时产生的正常电火花引燃易燃、易爆物，引发电气火灾；防止配电系统遭受机械破坏、绝缘损坏；保证系统在操作和维修、巡检时有足够的安全空间和通道。

## 2.2 TN—S 接零保护系统

所谓 TN—S 接零保护系统是指在 3N～220/380V50Hz 三相四线制低压电力系统中工作零线 N 与保护零线 PE 分开设置的接零保护系统。在该系统中，电气设备正常不带电的外露可导电部分通过保护零线 PE 接地，根据施工现场临时用电的实际电源情况不同，所采用的 TN—S 接零保护系统又分为以下三种形式。

### 2.2.1 专用变压器供电时的 TN—S 接零保护系统

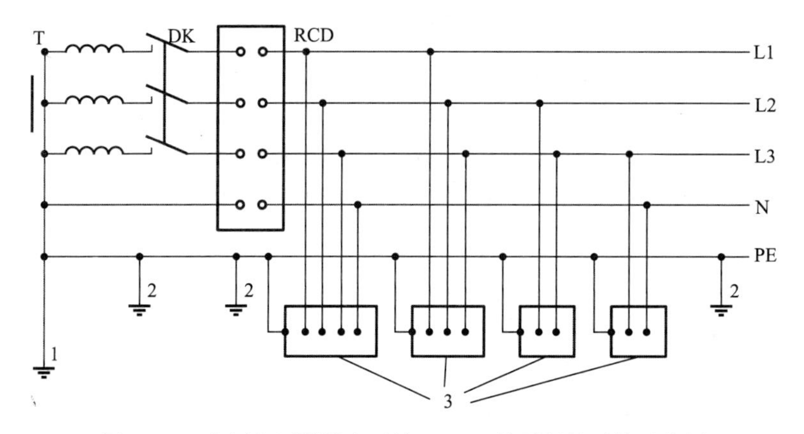


图 2-2-1 专用变压器供电时的 TN—S 接零保护系统示意图

T—10/0.4kV 电力变压器；L1、L2、L3—三相相线；N—工作零线；

DK—总电源隔离开关；RCD—总漏电断路器

1—工作接地；接地电阻 $R_g$：当变压器容量 $\sum P_n > 100$kV·A 时，$R_g \leqslant 4\Omega$；

当变压器容量 $\sum P_n < 100$kV·A 时，$R_g \leqslant 10\Omega$；

当土壤电阻率 $\rho_T > 1000\Omega \cdot$m 时，$R_g \leqslant 30\Omega$

2—PE 线重复接地，接地电阻值 $R_c \leqslant 10\Omega$；PE—保护零线

3—电气设备正常不带电的外露可导电部分

按照《规范》5 接地与防雷中 5.1 一般规定和 5.2 保护接零的规定，图 2-2-1 所示专用变压器供电时的 TN—S 接零保护系统的设置应符合以下规则：

（1）工作零线 N 与保护零线 PE 必须从专用变压器中性点 N 处或其工作接地点 N 处或总漏电保护器 RCD 电源侧 N 线处开始分离，此后必须严格绝缘分开。

（2）工作零线 N 必须与三相相线 L1、L2、L3 一起，通过总漏电保护器 RCD 的零序电流互感器，即总漏电保护器 RCD 必须选用三极四线型的。

（3）保护零线 PE 则严禁通过总漏电保护器 RCD 的零序电流互感器，并且线上严禁安装开关和熔断器。

2.2.2 三相四线制供电时的局部 TN—S 接零保护系统

按照《规范》5 接地与防雷中 5.1 一般规定和 5.2 保护接零的规定，图 2-2-2 所示三相四线制供电时的局部 TN—S 接零保护系统的设置应符合以下规则：

（1）当施工现场与外电线路共用同一供电系统时，在施工现场临时用电工程中，所有电气设备的接地、接零保护形式均应与

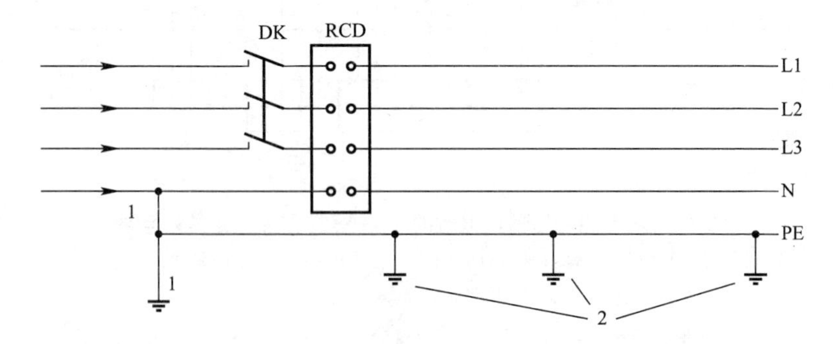


图 2-2-2 三相四线制供电时的局部 TN—S 接零保护系统示意图

1—NPE 线（重复）接地；2—PE 线重复接地；

L1、L2、L3—相线；N—工作零线；PE—保护零线；

DK—总电源隔离开关；

RCD—总漏电保护器（兼有短路、过载、漏电保护功能）

原系统电气设备的接地、接零保护形式保持完全一致。不得一部分设备做保护接零，即设备正常情况下不带电的外露可导电部分通过零线接地；而另一部分设备做保护接地，即设备正常情况下不带电的外露可导电部分直接接地。

（2）采用 TN 系统做保护接零时，在电源进线端作为电源线的工作零线 N 必须与其共同作为电源线的三相相线 L1、L2、L3 一起，通过总漏电保护器 RCD 的零序电流互感器，即总漏电保护器 RCD 必须选用三极四线型的。

（3）保护零线 PE 线必须由电源进线的零线（此零线实为 NPE 线）重复接地处或配电系统总漏电保护器电源侧零线（此零线亦是 NPE 线）处引出，即在此处将 NPE 线一分为二。其中，一条单独引出，作为施工现场临时用电工程中的保护零线（PE 线）；另一条与三相相线 L1、L2、L3 一起，通过总漏电保护器 RCD 的零序电流互感器，作为施工现场临时用电工程中的工作零线（N 线）；这样，在施工现场临时用电工程中就形成了一个局部 TN—S 接零保护系统。

（4）系统中，保护零线 PE 线同样严禁通过总漏电保护器 RCD 的零序电流互感器，并且线上严禁安装开关和熔断器。

（5）系统中，电气设备正常情况下不带电的外露可导电部分同样应与保护零线 PE 线相连接。

### 2.2.3 自备发电机供电时的 TN—S 接零保护系统

自备发电机组一般仅作为外电线路停止供电时的后备接续供电电源。

自备发电机组供电时的自备发配电系统与外电线路电源供电时的供配电系统从系统结构来说基本上是一样的，所不同的是除电源不同以外，在系统联络上发电机组电源必须与外电线路电源连锁，严禁并列运行。

如果外电线路电力变压器还有其他用户，为了防止自备发电机组供电时，向该变压器高压侧反馈高压，自备发电机组电源应与外电线路电源系统连锁，如图 2-2-3 所示，不仅外电线路电源隔离开关 DK 要分断，连接器外电线路供电时 N 线上的连接器 NL 也要同时分断。

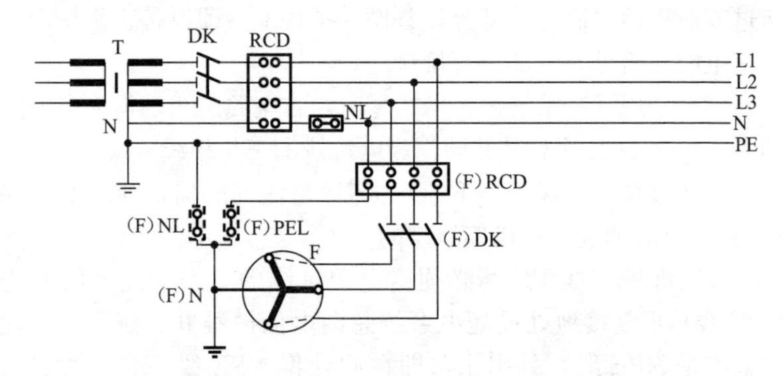


图 2-2-3　自备发电机供电时的 TN—S 接零保护系统示意图

T—10/0.4kV 三相电力变压器；N—电力变压器次级中性点（工作）接地；

DK—电力变压器低压侧总电源（隔离）开关；

RCD—电力变压器低压侧总漏电保护器；

NL—电力变压器 N 线连接器；

F—发电机；（F）N—发电机中性点（工作）接地；

（F）DK—发电机总电源（隔离）开关；

（F）RCD—发电机电源侧总漏电保护器；

（F）NL—发电机 N 线连接器；

（F）PEL—发电机 PE 线连接器

按照《规范》6 配电室及自备电源中 6.2 条 230/400V 自备发电机组的规定，图 2-2-3 所示自备发电机组供电时，TN—S 接零保护系统的设置应符合以下规则：

（1）发电机供电时的 L1、L2、L3、N、PE 线必须与外电线路供电时现场临时用电工程的 L1、L2、L3、N、PE 线对应连接，并且通过各自电源隔离开关和漏电断路器实现连锁隔离；

（2）发电机供电时，PE 线的设置规则与外电线路供电时 PE 线的设置规则相同。

## 2.3　二级漏电保护系统

所谓二级漏电保护系统是指在一个配电系统的两级配电装置

中设置漏电保护器所构成的漏电保护系统。在施工现场临时用电工程的三级配电系统中，当采用 TN—S 接零保护时，二级漏电保护系统的正确设置如图 2-3-1、图 2-3-2 所示。

### 2.3.1 专用变压器供电时的二级漏电保护系统

专用变压器供电及 TN—S 接零保护系统时，二级漏电保护系统的设置应如图 2-3-1 所示。

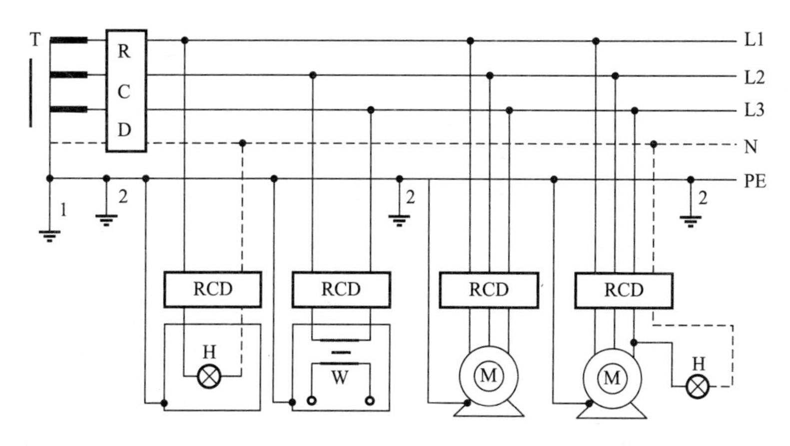


图 2-3-1 漏电保护器使用接线和二级漏电保护系统示意图

T—10/0.4kV 三相电力变压器（低压侧）；L1、L2、L3—相线；
N—工作零线；PE—保护零线；1—工作接地；2—重复接地；
RCD—漏电保护器；H—照明器；W—电焊机；M—电动机

按照《规范》8 配电箱及开关箱中 8.1 配电箱及开关箱的设置、8.2 电气装置的选择的规定，如图 2-3-1 所示二级漏电保护系统的正确设置应符合以下规则，即：

（1）在三级配电系统的总配电箱（总路或分路）和开关箱中必须装设漏电保护器（RCD），其额定漏电动作电流 $I_{\Delta n}$和额定漏电动作时间 $T_{\Delta n}$的选择规定如下。

在开关箱中：一般场所，$I_{\Delta n} \leqslant 30$mA、$T_{\Delta n} \leqslant 0.1$s；

潮湿、腐蚀介质场所，$I_{\Delta n} \leqslant 15$mA、$T_{\Delta n} \leqslant 0.1$s。

在总配电箱中：$I_{\Delta n} > 30$mA、$T_{\Delta n} > 0.1$s，但 $I_{\Delta n} \times T_{\Delta n} \leqslant 30$mA·s。

（2）将漏电保护器分别设置在总配电箱和分配电箱中，或者设置在分配电箱和开关箱中，或者只设置于总配电箱的总路和分路中，所构成的二级漏电保护系统是不符合《规范》规定的。

2.3.2 三相四线制供电时的二级漏电保护系统

三相四线制供电及局部 TN—S 接零保护系统时，二级漏电保护系统的设置应如图 2-3-2 所示。

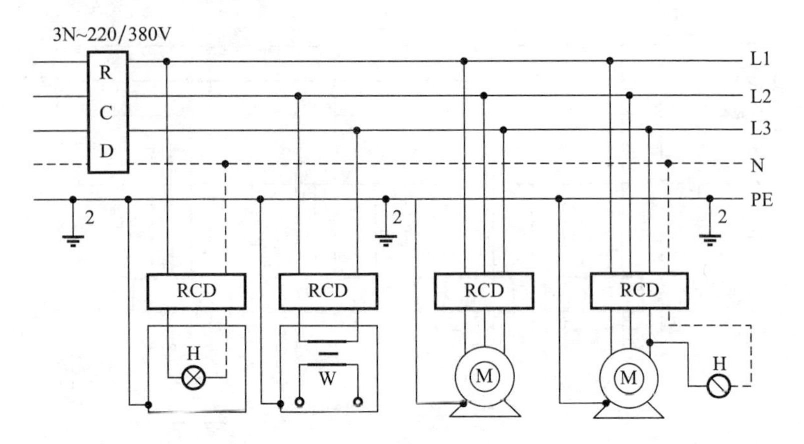


图 2-3-2 漏电保护器使用接线和二级漏电保护系统示意图

3N～220/380V—三相四线制电源；L1、L2、L3—相线；
N—工作零线；PE—保护零线；2—重复接地；
RCD—漏电保护器；H—照明器；W—电焊机；M—电动机

按照《规范》8 配电箱及开关箱中 8.1 配电箱及开关箱的设置、8.2 电气装置的选择的规定，如图 2-3-2 所示二级漏电保护系统的正确设置同样应符合以下规则，即

（1）在三级配电系统的总配电箱（总路或分路）和开关箱中必须装设漏电保护器（RCD），其额定漏电动作电流 $I_{\Delta n}$ 和额定漏电动作时间 $T_{\Delta n}$ 的选择规定如下：

在开关箱中：一般场所，$I_{\Delta n} \leqslant 30mA$、$T_{\Delta n} \leqslant 0.1s$；

潮湿、腐蚀介质场所，$I_{\Delta n} \leqslant 15mA$、$T_{\Delta n} \leqslant 0.1s$。

在总配电箱中：$I_{\Delta n} > 30mA$、$T_{\Delta n} > 0.1s$，但 $I_{\Delta n} \times T_{\Delta n} \leqslant 30mA \cdot s$。

（2）将漏电保护器分别设置在总配电箱和分配电箱中，或者设置在分配电箱和开关箱中，或者只设置于总配电箱的总路和分路中，所构成的二级漏电保护系统是不符合《规范》规定的。

除了上述主要设计依据中的三项核心技术以外，在编制施工现场临时用电组织设计时，尚应遵守《规范》中关于临时用电管理、外电线路及电气设备防护、接地与防雷、配电室及自备电源、配电线路、配电箱及开关箱、电动建筑机械和手持式电动工具、照明中的相关具体规定。

# 3 用电组织设计编制的原始资料

所谓原始资料就是指能够充分表达可以作为设计出发点的全部基础和技术条件，作为编制施工现场临时用电组织设计的原始资料，主要应包括以下相关资料。

## 3.1 工程项目立项相关的技术资料

（1）工程项目名称。

（2）工程项目地点。

（3）工程项目性质、类别、规模（面积、高度、形态）、工期等。

## 3.2 工程项目施工工艺相关的技术资料

（1）工程施工组织设计。

（2）工程施工工艺设备。

## 3.3 施工现场资料

（1）现场地域、地形、地貌、几何形状、地面尺寸及待建工程在现场中的位置。

（2）现场地下土质、水文结构及管沟、电缆等隐蔽工程分布情况。

（3）现场周边环境条件，包括电力线缆、易燃易爆物、腐蚀介质、电磁感应等环境状况。

（4）现场地上周边建（构）筑物情况。

（5）现场办公、加工、生活等暂设设施在现场中的分布情况。

（6）现场物料、器具堆放布置情况。

施工现场资料可以通过现场勘测、调研获得，并作为用电组织设计的第一个组成部分。

## 3.4　施工现场用电设备相关技术资料

施工用电设备相关技术资料是指施工过程中各个时期或阶段使用的用电设备的名称、数量及其相关的技术参数。

这里所说的用电设备，包括使用施工现场临时用电电源的全部电动建筑机械、手持式电动工具及照明器等。

这里所说的相关的技术参数，则主要是指各类用电设备的额定电压、额定电流、额定功率或容量，以及功率因数、暂载率等。

## 3.5　施工现场供电电源的相关资料

施工现场的供电电源包括电源类别、电源位置等。

施工现场的供电电源资料包括：

（1）专用供电变压器的设置；

（2）准备发电机组的设置；

（3）三相四线制供电源的设置。

# 4　用电组织设计编制的内容

按照《规范》3.1.2 条规定，施工现场临时用电组织设计应包括下列内容：

1. 现场勘测。

2. 确定电源进线、变电所、配电装置、用电设备位置及线路走向。

3. 进行负荷计算。

4. 选择变压器。

5. 设计配电系统：

（1）设计配电线路，选择导线或电缆；

（2）设计配电装置，选择电器；

（3）设计接地装置；

（4）绘制临时用电工程图纸，主要包括用电工程总平面图、配电装置布置图、配电系统接线图、接地装置设计图。

6. 设计防雷装置。

7. 确定防护措施。

8. 制定安全用电措施和电气防火措施。

以下以原始资料作为设计基础和条件，以设计依据为标准，逐次顺序阐述各项设计的具体设计内容、设计方法、设计过程和设计结果。

## 4.1　现场勘测

现场勘测是用电组织设计不可缺少的基础性工作，也是着手编制用电组织设计必须进行的第一项工作。通过现场勘测及同时进行的调研工作，要形成一个符合现场实际情况、以文字和图纸形式表达的现场勘测说明书。现场勘测说明书应由现场勘测记录和现场总平面图两部分组成。

4.1.1 现场勘测记录

现场勘测记录要用文字和简图表达与用电组织设计相关的现场资料，具体内容主要是前述“原始资料”3.3、3.4、3.5中所阐明的原始资料。此外，还要记录工程施工工艺过程和方法。其中，特别是对施工用电设备安装位置的要求。

4.1.2 现场总平面图

现场总平面图应表达“3.3施工现场资料”中可用图例表达的现场平面布置情况，主要包括以下三项内容：

（1）现场地表地形、地貌、范围及周边环境条件等；

（2）待建工程在现场中坐落的位置，管理办公、生产加工及生活区等暂设设施在现场中的分布情况；

（3）现场物料、器具堆放布置情况。

## 4.2 确定电源与用电系统的总体设置

确定电源与用电系统的总体设置就是确定电源进线、变电所或配电室、配电装置、用电设备位置及线路走向。在具体确定时，必须遵循下述原则：

① 原始资料给出的设计条件。

② 设计依据给出的设计规则。

③ 现场勘测给出的现场勘测说明书。

按照以上原则确定电源进线、变电所或配电室、配电装置、用电设备位置及线路走向同样要形成一个以简要文字和图纸形式表达的设计说明书。电源进线、变电所或配电室、配电装置、用电设备位置及线路走向设计说明书应由用电工程现场设置说明书、用电工程总平面图和配电系统结构形式简图三部分组成。

4.2.1 用电工程现场设置说明书

用电工程现场设置说明书要用文字表达用电工程的具体组成，包括简要说明以下各项内容：

（1）电源进线和电源装置的设置。

（2）配电系统之配电室的设置或总配电箱的设置。

（3）配电系统之分配电箱和开关箱的设置。

（4）配电系统之主要用电设备和用电区域的设置。

（5）配电系统之配电线路的配线类别、结构形式及敷设方式、方位、方法等。关于配电线路走向的确定，尚应遵循安全、方便、捷径的原则。

（6）配电系统（变电所、自备发电机组和配电室也包括在内）设置位置还应考虑下列因素：

① 尽量靠近电源线进线位置；

② 周边交通道路通顺；

③ 环境安全或增设相应防护设施。

#### 4.2.2 用电工程总平面图和配电系统结构形式简图

用电工程总平面图是以图纸的形式给出的现场用电工程总体布置图。它可以通过在现场总平面图中电气设备业已确定的位置上，以规定标准图例的形式补充绘制电源装置、各级配电装置、主要固定式用电设备或区域（办公区域、集中加工区域、生活区域等）以及与其相关联的配电线路而形成。

配电系统结构形式简图是用方块图表达的配电系统组成结构中，各级配电装置相互之间的配电连接关系，配电系统结构形式简图可参考本书“2 设计依据”中图 2-1-1$A$ 和图 2-1-1$B$ 绘制。

作为实例，通常采用不同线、缆和配线形式的两种用电工程总平面图和配电系统结构形式简图，可参考图 4-2-1$A$、$B$ 和图 4-2-2$A$、$B$ 所示模式绘制。

（1）【实例 1】采用绝缘导线放射-树干式配线、架空敷设用电工程总平面图

图 4-2-1$A$ 某施工现场一大型框架工程用电工程总平面图可作为采用绝缘导线放射-树干式配线的典型用电工程总平面图模式。

该用电工程的设置说明：

① 电源进线及配电室的设置：电源进线及配电室设置如图 4-2-1$A$ 所示，从场外临近柱上共用电力变压器采用四芯电缆

引入 3N～220/380V 50Hz 三相四线制电源。配电室设总电源柜一台，分路电源柜三台。三台分路电源柜中的二台用于动力配电，一台用于照明配电（包括路灯）。

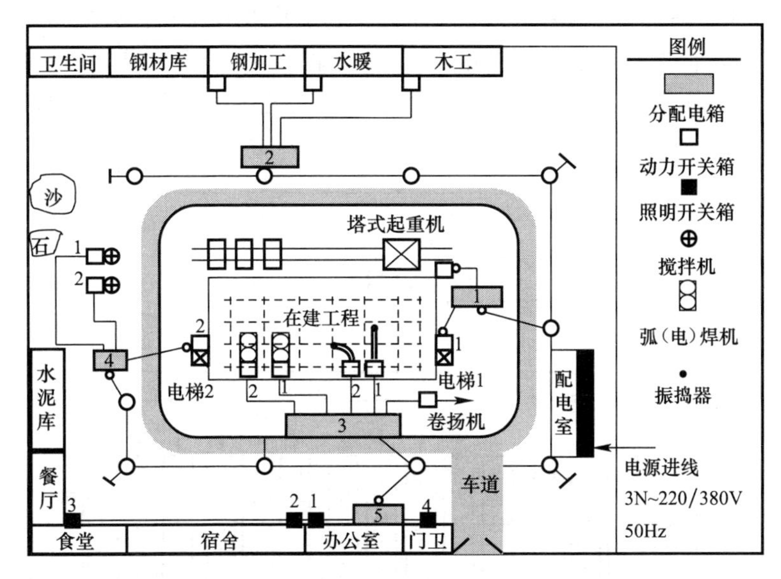


图 4-2-1A　某施工现场一大型框架工程用电工程总平面图

电源进线中的零线 NPE 在配电室的进线端须作重复接地，并在接地端分别引出工作零线 N 和保护零线 PE，在全现场形成局部 TN—S 接零保护系统。

② 配电线路的设置：配电线路采用绝缘导线放射—树干式配线，采用电杆、横担、绝缘子架空敷设。对应于配电室中三台分路电源柜，配电线路干线按三路设置，其中东侧和北侧为动力 1 线路，南侧和西侧为动力 2 线路和照明线路。

③ 分配电箱和开关箱的设置：根据配电室、配电线路的设置及现场用电设备的布置方案，配电室以下共设置 6 个分配电箱。其中，动力 1 干线分支连接分配电箱 1、2；动力 2 干线分支连接分配电箱 3、4；照明干线连接分配电箱 5。

各分配电箱以下设置开关箱。其中，分配电箱 1 分路配电给塔式起重机开关箱和电梯 1 开关箱；分配电箱 2 分路配电给木工、水暖、钢加工等加工车间开关箱；分配电箱 3 分路配电给振捣器 1、2 开关箱，电焊机 1、2 开关箱，卷扬机开关箱；分配电箱 4 分路配电给搅拌机 1、2 开关箱和电梯 2 开关箱；分配电箱 5 分路配电给门卫（兼控路灯）、办公室、宿舍、食堂开关箱。

根据图 4-2-1*A* 可以绘制出对应的配电系统结构形式简图，如图 4-2-1*B* 所示。

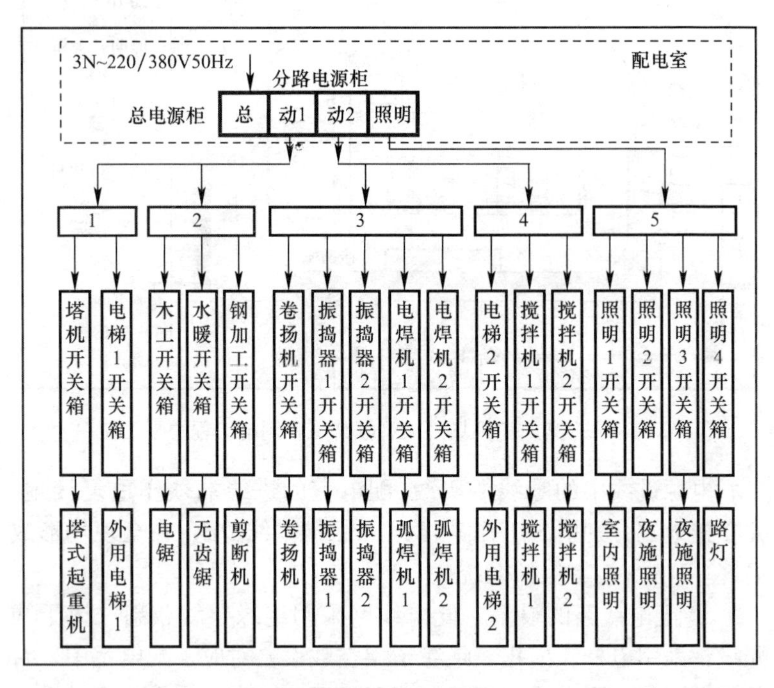


图 4-2-1*B*　某施工现场一大型框架工程用电工程配电系统结构形式简图

该配电系统结构形式说明：

① 从配电室内配出的动 1、动 2、照明 3 路干线，均应按三相五线形式配线。

② 各分配电箱内均宜增设 1～2 条备用分路。

③ 从分配电箱各分路向其对应的开关箱和用电设备配电时，

其配出线中除应包含用电设备需要的全部电源线外，还应包括必要的专用保护零线 PE 线。

④ 配电线路中的绝缘导线，要用导线绝缘色标标志其线性，按照国家标准的规定：标志三相相线 L1、L2、L3 相序的绝缘色依次是黄色、绿色、红色，标志工作零线 N 的绝缘色是淡蓝色或浅蓝色，标志保护零线 PE 的绝缘色是绿/黄双色。

(2)【实例 2】采用绝缘导线放射—树干式配线、架空敷设用电工程总平面图

图 4-2-2A 某施工现场一教学楼工程用电工程总平面图可作为采用电缆放射式配线的典型用电工程总平面图模式。

该用电工程的设置说明：

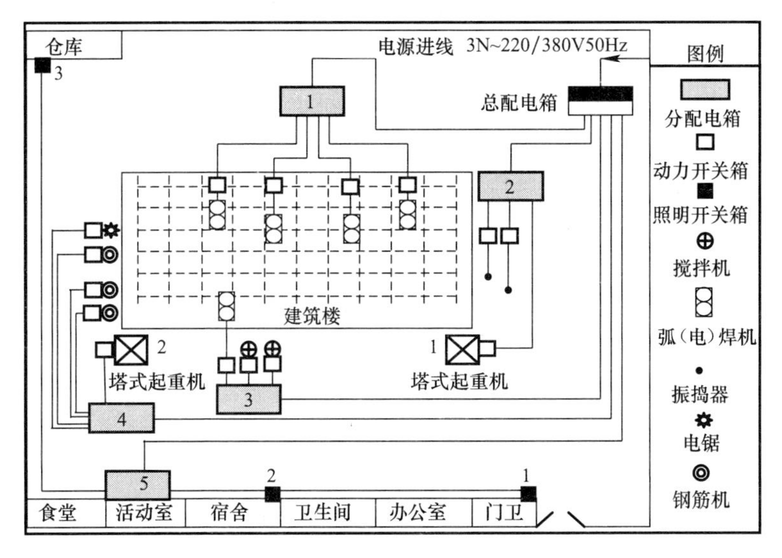


图 4-2-2A 某施工现场一教学楼工程用电工程总平面图

① 电源进线及总配电箱的设置：电源进线及总配电箱设置如图 4-2-2A 所示。从场外临近箱式变电站采用五芯电缆同时引入 3N～220/380V 50Hz 三相四线制电源及 PE 保护零线。总配电箱设一总路、五分路。其中，五条分路电源中的四条分路电源

用于动力配电，一条分路电源用于照明配电（包括夜间照明）。

电源进线中的保护零线 PE 在总配电箱的进线端须经过总配电箱中专设的 PE 接线端子板作重复接地，在全现场形成标准 TN—S 接零保护系统。

② 配电线路的设置：配电线路采用绝缘电缆放射式配线，采用专用电缆架杆（或沿墙壁）和绝缘子架空敷设。对应于总配电箱中五分路电源，配电电缆干线按五路设置，其中分为动力 1、2、3、4 共 4 条分路，以及 1 条照明分路。

③ 配电装置的设置：总配电箱以下共设置 5 个分配电箱。其中，动力 1 电缆干线连接分配电箱 1，动力 2 电缆干线连接分配电箱 2，动力 3 电缆干线连接分配电箱 3，动力 4 电缆干线连接分配电箱 4；照明电缆干线连接分配电箱 5。

各分配电箱以下，按现场主要用电设备的布置方案设置开关箱。其中，分配电箱 1 分路配电给 2 台电焊机、2 台弧焊机开关箱；分配电箱 2 分路配电给 1 台塔式起重机（塔机 1）开关箱和 2 台振捣器开关箱；分配电箱 3 分路配电给 2 台搅拌机开关箱；分配电箱 4 分路配电给 1 台塔式起重机（塔机 2）开关箱、3 台钢筋机开关箱和 1 台电锯开关箱；分配电箱 5 分路配电给门卫（兼控夜间公共照明）、办公室、宿舍、食堂、活动室、卫生间照明共三个开关箱。

根据图 4-2-2*A* 可以绘制出对应配电系统结构形式简图。如图 4-2-2*B* 所示。

该配电系统结构形式说明：

① 从总配电箱内放射式分路配出的 5 路干线，均应采用五芯电缆，各路电缆内均应包括三相相线 L1、L2、L3 及 N、PE 五条芯线。

② 各分配电箱内均宜增设 1～2 条备用分路。

③ 从分配电箱各分路向其对应的开关箱和用电设备配电时，其配出电缆中应包含用电设备需要的全部电源线，以及用作保护接零的专用保护零线 PE 线。

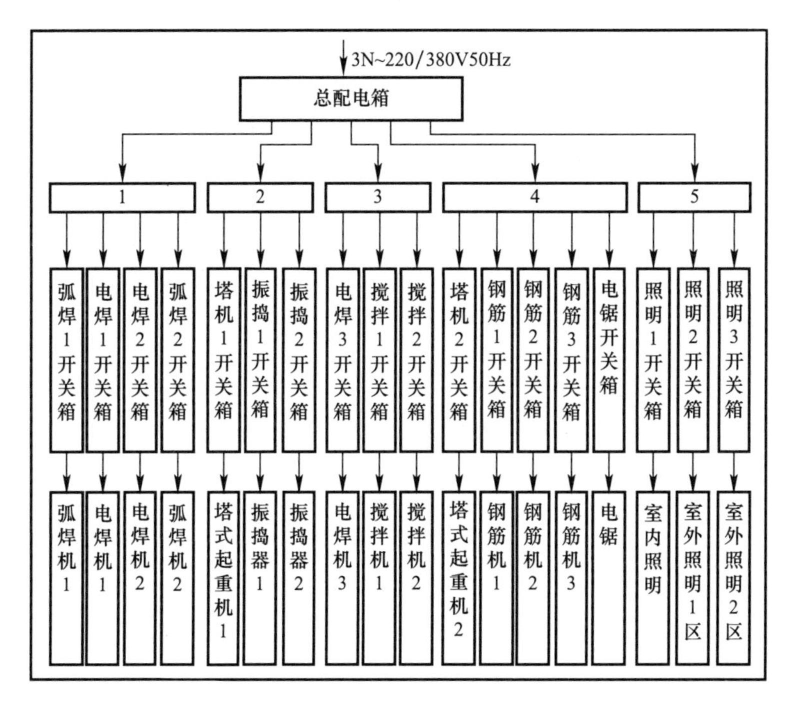


图 4-2-2*B*　某施工现场一教学楼工程用电工程配电系统结构形式简图

④ 配电电缆中，不管芯线数如何，用作工作零线 N 的芯线，其绝缘色必须是淡蓝色或浅蓝色；用作保护零线 PE 的芯线，其绝缘色必须是绿/黄双色。

## 4.3　负荷计算

负荷计算就是确定规则计算电气设备中的电流或功率。这些计算出来的电流或功率称为计算电流或计算功率，它们是选择线、缆、电器、电源的重要依据。

施工现场用电系统的负荷计算，通常可采用所谓需要系数法。

需要系数 $K_x$ 实际上反映的是一个用电设备组或用电系统在运行过程中的实际负荷与其固有设备容量之间的一种比例关系。显然，这种比例关系与用电系统的运行规律有关。通常，一个实际用电系统的运行规律可概括为如下四个方面：

① 各用电设备不可能同时运行；

② 各用电设备不可能同时满载运行；

③性质不同的用电设备，其运行特征各不相同，例如，照明器、水泵等是连续运行的，而起重机、电焊机则是反复短时暂载运行的；

④各用电设备和用电线路运行时都伴随有功率损耗，即存在运行效率问题。

根据用电系统的上述运行规律，为了使系统在任何情况下都能既安全又经济地运行，所配置的用电线路和电器必须能够适应系统最大负荷日按发热原理确定的最大半小时平均负荷的要求，即必须以最大负荷日按发热原理确定的最大半小时平均负荷 $P_{30}$ 作为计算负荷来选择系统的线路和电器。这里所说的“按发热原理确定的最大半小时平均负荷”的约定，源于对 16mm² 及以上导线通过不变电流后，达到稳定温升的时间约为 30min 的试验研究结果。

基于上述思想，工程上为便于用已知设备容量确定其计算负荷，特引入需要系数的概念。定义：

$$K_x = \frac{\text{用电设备组或系统最大负荷日最大半小时平均负荷}}{\text{用电设备组或系统的设备容量}}$$

$$= \frac{P_{30}}{\sum P_e} = \frac{P_j}{\sum P_e} \tag{4-3-1}$$

式中 $K_x$——需要系数，它源于大量同类用电设备组或系统实测数据的统计计算结果，一般 $K_x \leqslant 1$；

$P_e$——单台用电设备的设备容量（kW），它是用电设备按其铭牌额定功率和工作性质换算后的功率（kW）；

$\sum P_e$——用电设备组或系统的设备容量（kW）；

$P_j$——用电设备组或系统的计算功率（kW）。

由此，则有：

$$P_j = K_x \times \sum P_e \tag{4-3-2}$$

负荷计算通常是从用电设备开始的，首先确定用电设备的设备容量和计算负荷，继之计算用电设备组的计算负荷，最后计算总计算负荷，以及供电变压器或发电机的容量。负荷计算过程和结果要形成一个负荷计算说明书。以下首先介绍负荷计算的一般程序和方法，然后介绍对负荷计算说明书的具体要求。

### 4.3.1 负荷计算的一般程序和方法

(1) 设备容量 $P_e$ 的确定

负荷计算中的所谓设备容量或额定负荷 $P_e$ 不能简单地理解为用电设备的铭牌功率或容量，而是根据用电设备的工作性质和铭牌功率或容量经换算后得到的换算功率或容量。为了便于统一说明问题，假定每台用电设备的铭牌额定功率和容量分别用 $P'_e$ 和 $S'_e$ 表示，经换算后的设备容量分别用 $P_e$ 和 $S_e$ 表示。

以下将分别介绍各种用电设备设备容量的换算方法。

① 长期工作制电动机的设备容量 $P_e$ 等于其铭牌额定功率，即：

$$P_e = P'_e \tag{4-3-3}$$

② 反复短时工作制电动机（如吊车中的电动机）的设备容量 $P_e$ 是指统一换算到暂载率 $JC=25\%$（或用 $JC_{25}$ 表示）时的额定功率，即：

$$P_e = P'_e\sqrt{JC/JC_{25}} = 2P'_e\sqrt{JC} \tag{4-3-4}$$

式中 $P_e$——换算到 $JC=25\%$时电动机的设备容量（kW）；

$JC$——电动机的铭牌暂载率（%）；

$P'_e$——电动机铭牌额定功率（kW）。

**【例 1】** 某台吊车电动机的铭牌额定功率为 $P'_e=27.8\text{kW}$，铭牌额定暂载率为 $JC=40\%$，试求其设备容量 $P_e$。

**【解】** 引用式（4-3-4），有

$$P_e = 2P'_e\sqrt{JC} = 2\times27.8\times\sqrt{0.4} = 35.2\text{kW}$$

③ 电焊机及电焊装置的设备容量 $P_e$ 是指统一换算到 $JC=100\%$（或用 $JC_{100}$ 表示）时的额定功率，一般交流电焊机铭牌给出的功率为额定视在功率 $S'_e$（kV·A），同时给出 $S'_e$时的功率因

数 $\cos\varphi$；直流电焊机铭牌给出的功率为额定有功功率 $P'_e$。若铭牌给出的额定暂载率为 $JC$（%），则对于交流电焊机来说，其设备容量 $P_e$ 可按下式换算：

$$P_e = S'_e\sqrt{JC/JC_{100}} \cdot \cos\varphi = S'_e\sqrt{JC}\cos\varphi \quad (4\text{-}3\text{-}5)$$

而对于直流电焊机来说，其设备容量可直接按下式计算：

$$P_e = P'_e\sqrt{JC} \quad (4\text{-}3\text{-}6)$$

在式（4-3-5）和式（4-3-6）中

$P_e$——换算到 $JC$=100%时电焊机的设备容量（kW）；

$S'_e$——交流电焊机或交流电焊装置的铭牌额定视在功率（kV·A）；

$P'_e$——直流电焊机的铭牌额定功率（kW）；

$JC$——与 $S'_e$或 $P'_e$相对应的电焊机铭牌额定暂载率（%）；

$\cos\varphi$——交流电焊机或交流电焊装置在 $S'_e$时的额定功率因数。

**【例 2】** 某电焊变压器铭牌额定容量（视在功率）为 $S'_e$=21kV·A，铭牌额定暂载率为 $JC$=65%，铭牌额定功率因数为 $\cos\varphi$=0.87，试求其设备容量 $P_e$。

**【解】** 引用式（4-3-5），有

$$P_e = S'_e\sqrt{JC} \cdot \cos\varphi = 21 \times \sqrt{0.65} \times 0.87 = 14.7\text{kW}$$

④ 照明设备的设备容量（W 或 kW）

a 白炽灯、碘钨灯的设备容量 $P_e$ 为灯泡额定功率 $P'_e$，为：

$$P_e = P'_e \quad (4\text{-}3\text{-}7)$$

b 日光灯的设备容量 $P_e$ 当采用电磁镇流器时为灯管额定功率 $P'_e$的 1.2 倍，即：

$$P_e = 1.2P'_e \quad (4\text{-}3\text{-}8)$$

c 高压水银荧光灯的设备容量 $P_e$ 为灯泡额定功率 $P'_e$的 1.1 倍，即：

$$P_e = 1.1P'_e \quad (4\text{-}3\text{-}9)$$

d 金属卤化物灯（钠、铊、铟灯）的设备容量 $P_e$ 为灯泡额定功率 $P'_e$的 1.1 倍，即：

$$P_e = 1.1P'_e \tag{4-3-10}$$

⑤ 不对称负荷的设备容量 $P_e$

在用电工程中，由于诸如电动工具、照明器、电焊机等大量单相设备不可能绝对均匀地分散接到三相线路上，从而形成不对称三相负荷，按照一般建筑电气设计导则规定，不对称负荷的设备容量 $P_e$(kW) 为：

a. 当单相设备总容量 $P_{e1}$≤同一线路上三相设备总容量的15%时，其折算（对称）三相设备容量为：

$$P_e = 3P_{e1} \tag{4-3-11}$$

b. 当单相设备总容量 $P_{e1}$＞同一线路上三相设备总容量的15%时，此时

如单相设备接于相电压，则其折算三相设备容量为：

$$P_e = 3P_{exa} \tag{4-3-12}$$

如单相设备接于线电压，则其折算三相设备容量为：

$$P_e = \sqrt{3}P_{ex} \tag{4-3-13}$$

式中 $P_{exa}$、$P_{ex}$——分别为负荷最大相中接于相电压、线电压的单相设备容量。

**【例 3】** 现有两台相同的电焊变压器，其铭牌额定容量（视在功率）为 $S'_e$=21kV·A，铭牌额定暂载率 $JC$=65%，铭牌额定功率因数 $\cos\varphi$=0.87，如分别将其接于 AB、BC 或 CA 线间，试求其折算的三相设备容量 $P_{e1}$。

**【解】** 引用【例 2】的结果，单台电焊变压器的设备容量 $P_e$ 为：

$$P_e = S'_e\sqrt{JC}\cdot\cos\varphi = 21\times\sqrt{0.65}\times 0.87 = 14.7\text{kW}$$

将该两台相同的电焊变压器分别接于 AB、BC 或 CA 线间时，引用式 $P_e=\sqrt{3}P_{ex}$所标示的折算方法，其折算的三相设备容量 $P_{e1}$为：

$$P_{e1} = \sqrt{3}P_{ex} = \sqrt{3}P_e = \sqrt{3}\times 14.7 = 25.5\text{kW}$$

（2）单台用电设备的计算负荷

根据用电设备的设备容量 $P_e$，考虑到其运行效率 $\eta$，单台用电设备的计算负荷 $P_{j1}$ 为：

$$P_{j1} = P_e/\eta \tag{4-3-14}$$

$$S_{j1} = P_{j1}/\cos\varphi$$

式中 $P_{j1}$——单台用电设备的有功计算负荷（kW）；

$\eta$——用电设备运行效率；

$\cos\varphi$——用电设备的功率因数；

$S_{j1}$——单台用电设备的视在计算负荷（kV·A）。

单台用电设备的计算电流则与用电设备的相数有关。

对于额定电压为 380V 的三相电动机类用电设备，计算电流 $I_j$ 为

$$I_{j1} = S_{j1} \times 1000/\sqrt{3} \times 380\text{A}$$

对于额定电压为 380V 的单相电焊机类用电设备，计算电流 $I_j$ 为

$$I_{j1} = S_{j1} \times 1000/380\text{A}$$

对于额定电压为 220V 的单相照明器、电动工具类用电设备，计算电流 $I_j$ 为

$$I_{j1} = S_{j1} \times 1000/220\text{A}$$

由式（4-3-14）可知，对于长期连续运行的单台用电设备，如不需计及其效率（即 $\eta = 100\%$），则其设备容量即是计算负荷。

例如，一台剪断机，$P'_e = 3.0\text{kW}$，$\cos\varphi = 0.83$，$\eta = 85\%$，则其设备容量、计算负荷、计算电流分别为：

$$P_e = P'_e = 3.0\text{kW}$$

$$P_{j1} = P_e/\eta = 3.53\text{kW}$$

$$I_{j1} = \frac{P_{j1}}{\sqrt{3} \times U_e \times \cos\varphi} = \frac{3.53 \times 1000}{\sqrt{3} \times 380 \times 0.83} = 6.46\text{A}$$

例如，一台振捣器，$P'_e = 1.5\text{kW}$，$\cos\varphi = 0.85$，$\eta = 85\%$，则其设备容量、计算负荷、计算电流分别为：

$$P_e = P'_e = 1.5\text{kW}$$

$$P_{j1} = P_e/\eta = 1.76\text{kW}$$

$$I_{j1} = \frac{P_{j1}}{\sqrt{3} \times U_e \times \cos\varphi} = \frac{1.76 \times 1000}{\sqrt{3} \times 380 \times 0.85} = 3.15\text{A}$$

例如，一台弧焊机，$S'_e$=21kW，$JC$=65%，$\cos\varphi$=0.87，$\eta$=0.8，则其设备容量、计算负荷、计算电流分别（引用前述结果）为：

$$P_e = S'_e\sqrt{JC} \cdot \cos\varphi = 21 \times \sqrt{0.65} \times 0.87 = 14.7\text{kW}$$

$$P_{j1} = P_e/\eta = 18.38\text{kW}$$

$$I_{j1} = \frac{P_{j1}}{U_e \times \cos\varphi} = \frac{18.38 \times 1000}{380 \times 0.87} = 55.6\text{A}$$

若现有两台相同的弧焊机，其铭牌额定容量（视在功率）为 $S'_e$=21kV·A，铭牌额定暂载率 $JC$=65%，铭牌额定功率因数 $\cos\varphi$=0.87，效率 $\eta$=0.8，如分别将其接于 AB、BC 或 CA 线间，则其折算的三相设备容量 $P_{e1}$（引用关系式 $P_e=\sqrt{3}P_{ex}$）应为：

$$P_{e1} = \sqrt{3}P_{ex} = \sqrt{3}P_e = \sqrt{3} \times 14.7 = 25.5\text{kW}$$

$$P_{j1} = P_{e1}/\eta = 31.88\text{kW}$$

$$S_{j1} = P_{j1}/\cos\varphi = 36.64\text{kV} \cdot \text{A}$$

$$I'_{j1} = S_{j1} \times 1000/\sqrt{3} \times 380 = 55.6\text{A}$$

若如上所述三台相同的弧焊机均匀接入三相电路，视为一台同时运行，则其综合计算电流为 $I''_{j1}=18.38\times3\times1000/\sqrt{3}\times380=$ 83.4A

单台用电设备的计算负荷，可以用于选择用电设备的负荷线和其配电开关箱中的电器，并作为用电设备组负荷计算的基础。

（3）用电设备组的计算负荷

用电设备应按需要系数 $K_x$ 的不同划分为若干用电设备组。此处需要系数 $K_x$ 则定义为用电设备组的计算负荷 $P_{j2}$ 与其各设

备容量和 $\sum P_e$ 之比，即：

$$K_x = P_{j2} / \sum P_e \tag{4-3-15}$$

需要系数 $K_x$ 可以参照表 4-3-1 选取，各用电设备组的计算负荷为：

$$\left.\begin{aligned} P_{j2} &= K_x \Sigma P_e \\ Q_{j2} &= P_{j2} \tan\varphi \\ S_{j2} & \sqrt{P_{j2}^2 + Q_{j2}^2} \\ I_{j2} &= \frac{S_{j2} \times 1000}{\sqrt{3} \times 380} \end{aligned}\right\} \tag{4-3-16}$$

式中　$P_{j2}$——用电设备组的有功计算负荷（kW）；

$Q_{j2}$——用电设备组的无功计算负荷（kvar）；

$S_{j2}$——用电设备组的视在计算负荷（kV·A）；

$\Sigma P_e$——用电设备组的设备容量总和（kW）；

$I_{j2}$——用电设备组的计算电流（A）；

$K_x$——用电设备组的需要系数，可参照表 4-3-1 选取，若同类用电设备较少，例如只有 1～3 台，则可取 $K_x$=1.0；

$\cos\varphi$、$\tan\varphi$——用电设备组设备平均功率因数角的正切值。亦可参照表 4-3-1 选取，也可按其铭牌给出的值或查阅电气设计手册选取。

**用电设备组的 $K_x$、$\cos\varphi$、$\tan\varphi$ 参考值　　表 4-3-1**

| 用电设备 | | $K_x$ | $\cos\varphi$ | $\tan\varphi$ |
|---|---|---|---|---|
| 混凝土搅拌机及砂浆搅拌机 | 10 台以下 | 0.7 | 0.68 | 1.08 |
| | 10 台以上 | 0.6 | 0.65 | 1.17 |
| 破碎机、筛选机、泥浆机、空气压缩机、输送机 | 10 台以下 | 0.7 | 0.7 | 1.02 |
| | 10 台以上 | 0.65 | 0.65 | 1.17 |
| 提升机、起重机、掘土机 | 10 台以下 | 0.3 | 0.7 | 1.02 |
| | 10 台以上 | 0.2 | 0.65 | 1.17 |

续表

| 用电设备 | | $K_x$ | $\cos\varphi$ | $\tan\varphi$ |
|---|---|---|---|---|
| 电焊机 | 10台以下<br>10台以上 | 0.45<br>0.3 | 0.45<br>0.3 | 1.98<br>2.29 |
| 木工机械 | — | 0.7～1.0 | 0.75 | 0.88 |
| 钢筋机械 | — | 0.7～1.0 | 0.75 | 0.88 |
| 排水泵 | — | 0.8～1.0 | 0.8 | 0.75 |
| 白炽灯、碘钨灯 | — | 1.0 | 1.0 | 0 |
| 日光灯、高压汞灯 | — | 1.0 | 0.55 | 1.52 |
| 振捣器 | — | 0.7～1.0 | 0.65 | 1.17 |
| 电钻 | — | 0.7 | 0.75 | 0.88 |

注：设备数量越少，$K_x$ 值应越大，且 $K_x \leqslant 1$。

由同一分配电箱配电的用电设备组，其计算负荷可以用于选择分配电箱中的电器，亦可用于选择分配电箱至总配电箱、开关箱间的配电线路。

（4）配电干线或配电母线上及现场总计算负荷

一般来说，配电干线上各用电设备组的运行不可能是绝对同步的，所以干线或母线或总计算负荷 $P_{j3}$ 必然小于或等于各用电设备组计算负荷之和 $\Sigma P_{j2}$，即有：

$$K_P = P_{j3}/\Sigma P_{j2} \leqslant 1 \quad 或\ P_{j3} = K_P \Sigma P_{j2} \tag{4-3-17}$$

同理，对于无功计算负荷也有：

$$K_Q = Q_{j3}/\Sigma Q_{j2} \leqslant 1 \quad 或\ Q_{j3} = K_Q \Sigma Q_{j2} \tag{4-3-18}$$

而视在计算负荷 $S_{j3}$ 可通过 $P_{j3}$ 和 $Q_{j3}$ 计算：

$$S_{j3} = \sqrt{P_{j3}^2 + Q_{j3}^2} \tag{4-3-19}$$

$$I_{j3} = \frac{S_{j3} \times 1000}{\sqrt{3} \times 380} \tag{4-3-20}$$

式中 $P_{j3}$——配干线或母线或总有功计算负荷（kW）；

$Q_{j3}$——配干线或母线或总无功计算负荷（kvar）；

$S_{j3}$——配干线或母线或总视在计算负荷（kV·A）；

$I_{j3}$——配干线或母线或总计算电流（A）；

$K_P$——有功负荷同期系数；

$K_Q$——无功负荷同期系数。

在式（4-3-17）和式（4-3-18）中，通常 $K_P$ 和 $K_Q$ 可取相同的数值，具体计算时可参照机械加工车间的同期系数，取 $K_P=0.7\sim0.9$。如只有一个用电设备组，可取 $K_P$（$K_Q$）$=1$，一般来说，用电设备组的组数越多，$K_P$、$K_Q$ 取值可越小些。

以下介绍两个只需直接获知现场总计算负荷时的简易经验方法。

① 如果施工现场用电系统的全部用电设备可以看做一个用电设备组，并且已知其同类施工现场用电系统的总需要系数 $K_x$ 和平均功率因数 $\cos\varphi$。则本现场用电系统的总计算负荷可方便地计算为：

$$\left.\begin{aligned} P_j &= K_x P_e \\ Q_j &= P_j \tan\varphi \\ S_j &= \sqrt{P_j^2 + Q_j^2} \\ I_j &= \frac{S_j \times 1000}{\sqrt{3} \times 380} \end{aligned}\right\} \tag{4-3-21}$$

式中 $P_j$——用电系统总有功计算功率（kW）；

$Q_j$——用电系统总无功计算功率（kvar）；

$S_j$——用电系统总视在计算功率（kV·A）；

$P_e$——用电系统总设备容量（kW）；

$I_j$——用电系统总计算电流（A）。

为了得到总需要系数 $K_x$ 值和平均功率因数 $\cos\varphi$ 值，可通过在该“同类施工现场用电系统”最大负荷日用功率自动记录仪和功率因数表实测的日负荷曲线 $P=f(t)$ 实现，该曲线如图 4-3-1 所示。

根据最大负荷日日负荷曲线可确定最大负荷 $P_{max}$ 点 $A$，在 $A$ 点邻域可确定最大半小时平均负荷 $P_{30}$，亦即 $P_j$。再按需要系数定义式计算该现场总 $K_x$，即：

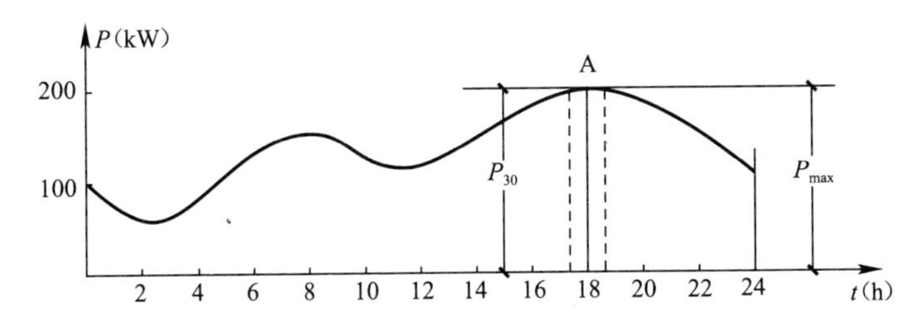


图 4-3-1　最大负荷日的日负荷曲线 $P=f(t)$

$$K_x = P_{30}/P_e \tag{4-3-22}$$

式中　$P_e$——该施工现场用电系统的总设备容量；

$P_{30}$——与该施工现场用电系统相类似的所谓“同类施工现场用电系统”经实测获得的最大负荷日最大半小时平均负荷。例如，可参见图 4-3-1 功率曲线上 A 点，取所对应的（横坐标）18 时邻域半小时平均功率即为 $P_{30}$，亦即作为本现场最大半小时平均负荷 $P_{max}$或所谓总计算负荷 $P_j$。

同样，平均功率因数 $\cos\varphi$ 值可通过在该“同类施工现场用电系统”中与 $P_{30}$同时同步用功率因数表测量记录数据获得。

② 根据某些施工现场的经验，一个施工现场用电系统的总视在计算负荷（俗称总用电量）可按下述简化经验公式估算，即：

$$S_j = (1.05 \sim 1.10)\left(\frac{K_1 \sum P_1}{\cos\varphi} + K_2 \sum S_2 + K_3 \sum S_3 + K_4 \sum S_4\right) \tag{4-3-23}$$

式中　$P_1$——电动机额定功率（kW）；

$S_2$——电焊机额定容量（kV·A）；

$S_3$——室内照明容量（kV·A）；

$S_4$——室外照明容量（kV·A）；

$\cos\varphi$——电动机平均功率因数（一般取 0.65～0.75）；

$K_1$、$K_2$、$K_3$、$K_4$——需要系数，参见表 4-3-2；

$S_j$——总视在计算负荷或供电设备总需要容量（kV·A）；

（1.05～1.10）——经验系数，其值根据具体情况确定。

**需要系数 $K$ 值**（参考值）　　　　**表 4-3-2**

| 用电设备 | 数量 | 需要系数 | | 备注 |
|---|---|---|---|---|
| | | $K$ | 数值 | |
| 一般电动机 | 8～10台<br>11～30台<br>30台以上 | $K_1$ | 0.7<br>0.6<br>0.5 | 为使计算结果接近实际，各需要系数值应根据不同工作性质分类选取 |
| 加工厂动力设备 | | | 0.5 | |
| 电焊机 | 8～10台<br>10台以上 | $K_2$ | 0.6<br>0.5 | |
| 室内照明 | | $K_3$ | 0.8 | |
| 室外照明 | | $K_4$ | 1.0 | |

注：单班施工、无暂设设施生活用电及无特殊光线差场所照明用电时，可不考虑照明用电。

配电干线或母线或总计算负荷 $P_{j3}$、$Q_{j3}$、$S_{j3}$、$I_{j3}$ 可以用于选择配电干线和进线，以及总配电箱中的电器和供电变压器。

### 4.3.2 负荷计算说明书

以上计算过程和计算结果要形成一个计算说明书。计算说明书中应包括计算程序、计算公式、主要算式和计算结果。为使用方便计，计算结果宜以汇总表格形式表达。计算结果汇总表主要应包括“用电设备及其设备容量汇总表”和“用电系统计算负荷汇总表”两种，表格形式可参照以下实例中相应表格的格式自拟。

以下通过两个实例说明上述关于编制负荷计算说明书时应包括的基本内容和基本要求。

（1）【实例 1】：某施工现场一大型框架工程用电系统负荷计算说明书

① 设备容量：参照图 4-2-1A、B（用电工程总平面图和配电系统结构形式简图），引用单台设备设备容量计算公式（4-3-3）～

公式（4-3-13），可得该用电工程用电设备的设备容量计算单如下：

1 号设备（E60-26 意大利塔式起重机）的设备容量

$$P_e = 2P'_e\sqrt{JC} = 2\times 100\sqrt{0.15} = 77.5\text{kW}$$

2 号设备（电梯 1）的设备容量

$$P_e = P'_e = 11\text{kW}$$

3 号设备（电梯 2）的设备容量

$$P_e = P'_e = 15\text{kW}$$

4、5 号设备（搅拌机 1、2—400kg）的设备容量

$$P_e = P'_e = 7.5\text{kW}$$

6 号设备（卷扬机）的设备容量

$$P_e = P'_e = 14\text{kW}$$

7、8 号设备（弧焊机 1、2）的设备容量

$$P_e = S'_e\sqrt{JC}\cos\varphi\times 2 = 2\times 21\times\sqrt{0.65}\times 0.87 = 2\times 14.7\text{kW}$$

9 号设备（电锯）的设备容量

$$P_e = P'_e = 2.8\text{kW}$$

10 号设备（无齿锯）的设备容量

$$P_e = P'_e = 2.8\text{kW}$$

11 号设备（剪断机）的设备容量

$$P_e = P'_e = 3.0\text{kW}$$

12、13 号设备（振捣器 1、2）

$$P_e = P'_e = 1.5\text{kW}$$

14 号设备（照明器）的设备容量

$$P_e = 3.6 + 2.8\times 1.2 = 6.96\approx 7.0\text{kW}$$

$$Q_e = 2.8\times 1.2\times\sqrt{1-0.55^2}/0.55 = 5.1\text{kvar}$$

由于 7、8 号设备（弧焊机 1、2）为接于线电压（380V）的单相设备，且其不对称容量 14.7×2＝29.4kW 大于其余三相设备（包括照明设备）总容量的 15％，所以，两台弧焊机中每台弧焊机实际三相等效设备容量不是 14.7kW，而应是

$$P_e = \sqrt{3}\times 14.7 = 25.5\text{kW}$$

根据以上设备容量的计算结果，可以集中列出该用电工程用电设备及其设备容量汇总表，如表 4-3-3 所示。

**某施工现场一大型框架工程用电设备及其设备容量汇总表 表 4-3-3**

| 编号 | 设备名称 | 设备型号及铭牌数据 | 设备容量 $P_e$（kW） |
|---|---|---|---|
| 1 | E60-26 意大利塔式起重机 | 100kW 380V $JC=15\%$ | 77.5 |
| 2 | 电梯 1 | JBZ 11kW 380V | 11.0 |
| 3 | 电梯 2 | （编号 31-6）15kW 380V | 15.0 |
| 4 | 搅拌机 1 (400kg) | $JO_2$-51-4 7.5kW 380V $\cos\varphi=0.82$ $\eta=0.8$ | 7.5 |
| 5 | 搅拌机 2 (400kg) | $JO_2$-51-4 7.5kW 380V $\cos\varphi=0.82$ $\eta=0.8$ | 7.5 |
| 6 | 卷扬机 | JO-63-4 14kW 380V $\cos\varphi=0.87$ | 14.0 |
| 7 | 弧焊机 1 | 21kV・A 380V $JC=65\%$ $\cos\varphi=0.87$ | 25.5 |
| 8 | 弧焊机 2 | 21kV・A 380V $JC=65\%$ $\cos\varphi=0.87$ | 25.5 |
| 9 | 电锯 | JO-42-2 2.8kW 380V $\cos\varphi-0.88$ $\eta=0.85$ | 2.8 |
| 10 | 无齿锯 | JO-42-2 2.8kW 380V $\cos\varphi=0.88$ $\eta=0.85$ | 2.8 |
| 11 | 剪断机 | $JO_2$-223-4 3kW 380V $\cos\varphi=0.83$ $\eta=0.84$ | 3.0 |
| 12 | 振捣器 1 | $JO_2$-221-2 1.5kW 380V $\cos\varphi=0.85$ $\eta=0.85$ | 1.5 |
| 13 | 振捣器 2 | $JO_2$-221-2 1.5kW 380V $\cos\varphi=0.85$ $\eta=0.85$ | 1.5 |
| 14 | 照明器 | 白炽灯、碘钨灯 220V 共 3.6kW<br>日光灯、高压汞灯 220V $\cos\varphi=0.55$ 共 2.8kW | 3.6<br>3.4 |

② 计算负荷：

首先，计算单台用电设备的计算负荷。为便于选择配电系统的导线、电缆和配电电器，此处主要给出“计算电流”$I_{j1}$的计算结果。计算过程中，未给出效率和功率因数的用电设备，暂且假设其运行效率 $\eta$ 为 100%，功率因数 $\cos\varphi$ 为 0.75。计算过程和计算结果分列如下。

1 号 E60-26 意大利塔式起重机：

$$I_{j1}=P_e/\sqrt{3}\times 0.38\times \cos\varphi\times \eta=77.5/\sqrt{3}\times 0.38\times 0.75$$
$$=156.57\text{A}$$

2 号电梯 1：

$$I_{j1}=P_e/\sqrt{3}\times 0.38\times \cos\varphi\times \eta=11/\sqrt{3}\times 0.38\times 0.75$$
$$=22.22\text{A}$$

2 号电梯 2：

$$I_{j1}=P_e/\sqrt{3}\times 0.38\times \cos\varphi\times \eta=15/\sqrt{3}\times 0.38\times 0.75$$
$$=30.30\text{A}$$

4 号搅拌机 1：

$$I_{j1}=P_e/\sqrt{3}\times 0.38\times \cos\varphi\times \eta=7.5/\sqrt{3}\times 0.38\times 0.82\times 0.8$$
$$=17.32\text{A}$$

5 号搅拌机 2：

$$I_{j1}=P_e/\sqrt{3}\times 0.38\times \cos\varphi\times \eta=7.5/\sqrt{3}\times 0.38\times 0.82\times 0.8$$
$$=17.32\text{A}$$

6 号卷扬机：

$$I_{j1}=P_e/\sqrt{3}\times 0.38\times \cos\varphi\times \eta=14/\sqrt{3}\times 0.38\times 0.87$$
$$=24.38\text{A}$$

7 号弧焊机 1：

$$I_{j1}=P_e/0.38\times \cos\varphi\times \eta=25.5/0.38\times 0.87$$
$$=76.92\text{A}$$

8 号弧焊机 2：

$$I_{j1}=P_e/0.38\times \cos\varphi\times \eta=25.5/0.38\times 0.87$$
$$=76.92\text{A}$$

9 号电锯：

$I_{j1}=P_e/\sqrt{3}\times 0.38\times \cos\varphi\times \eta=2.8/\sqrt{3}\times 0.38\times 0.88\times 0.85$
$=5.67\mathrm{A}$

10 号无齿锯：

$I_{j1}=P_e/\sqrt{3}\times 0.38\times \cos\varphi\times \eta=2.8/\sqrt{3}\times 0.38\times 0.88\times 0.85$
$=5.67\mathrm{A}$

11 号剪断机：

$I_{j1}=P_e/\sqrt{3}\times 0.38\times \cos\varphi\times \eta=3.0/\sqrt{3}\times 0.38\times 0.83\times 0.84$
$=6.52\mathrm{A}$

12 号振捣器 1：

$I_{j1}=P_e/\sqrt{3}\times 0.38\times \cos\varphi\times \eta=1.5/\sqrt{3}\times 0.38\times 0.85\times 0.85$
$=3.15\mathrm{A}$

13 号振捣器 2：

$I_{j1}=P_e/\sqrt{3}\times 0.38\times \cos\varphi\times \eta=1.5/\sqrt{3}\times 0.38\times 0.85\times 0.85$
$=3.15\mathrm{A}$

14 照明器：

$I_{j1}=P_e/\sqrt{3}\times 0.38\times \cos\varphi\times \eta=7.0/\sqrt{3}\times 0.38\times 0.75$
$=14.14\mathrm{A}$

单台用电设备的计算电流主要用于选择分配电箱分路的电器和开关箱的电器，以及相关的配电线、缆。

已知，该用电工程中的用电设备，除照明用电设备（设备容量 $P_e=7\mathrm{kW}$）外，其余全部用电设备可视为只组成一个同类设备组，其总需要系数 $K_x=0.47$，综合功率因数 $\cos\varphi=0.6$，所以对于配电干线来说，其同期系数可取为 $K_P=K_Q=K_T=1.0$。根据已知条件，参照表 4-3-3 用电设备及其设备容量汇总表，可得总计算负荷为：

$$
\begin{aligned}
P_j&=K_x\sum P_e+7\\
&=0.47\times(77.5+11+15+7.5\times 2+14\\
&\quad+25.5\times 2+2.8\times 2+3+1.5\times 2)+7
\end{aligned}
$$

$$= 0.47 \times 195 + 7 \approx 98.7\text{kW}$$

$$\tan\varphi = \frac{\sqrt{1-\cos^2\varphi}}{\cos\varphi} = \frac{\sqrt{1-0.6^2}}{0.6} = 1.33$$

$$Q_j = K_x \sum P_e \cdot \tan\varphi + 5.1 = 0.47 \times 195 \times 1.33 + 5.1$$

$$= 127\text{kvar}$$

$$S_j = \sqrt{P_j^2 + Q_j^2} = \sqrt{98.7^2 + 127^2} \approx 161\text{kV} \cdot \text{A}$$

$$I_j = \frac{S_j}{\sqrt{3}U_e} = \frac{161 \times 10^3}{\sqrt{3} \times 380} = 245\text{A}$$

根据各路干线用电设备分组情况和其运行状况，参照表 4-3-3，其计算负荷分别为：

a. 第一路干线（第 1 和第 2 分箱）的计算负荷

本路配电干线配电给第 1 和第 2 分配电箱。其中第 1 分配电箱给 1 号意大利塔式起重机、2 号电梯 1 配电；第 2 分配电箱给 9 号电锯、10 号无齿锯、11 号剪断机配电。本路配电干线一共给以上 5 台用电设备配电，按照用电设备组设备容量计算规则，参照表 4-3-3，其合计设备容量为：

$$P_{e1} = 77.5 + 11 + 2.8 \times 2 + 3 = 97.1\text{kW}$$

将本路用电设备视为一个用电设备组，因其数量远远少于现场用电系统中用电设备总数，所以其需要系数应大于现场用电系统的需要系数，取 $K_{x1} = 0.67$，由于本用电设备组中 2 台主要用电设备（意大利塔式起重机和电梯 1）均无铭牌功率因数，为保障可靠性考虑，根据经验取偏低值为 $\cos\varphi_1 = 0.6$，相应的 $\tan\varphi_1 = 1.33$。

依照上述条件，本路配电干线上的计算负荷为：

$$P_{j1} = K_{x1} \times P_{e1} = 0.67 \times 97.1 \approx 65\text{kW}$$

$$Q_{j1} = P_{e1} \times \tan\varphi_1 = 65 \times 1.33 \approx 86.5\text{kvar}$$

$$S_{j1} = \frac{P_{j1}}{\cos\varphi_1} = \frac{65}{0.6} \approx 108\text{kV} \cdot \text{A}$$

$$I_{j1} = \frac{S_{j1} \times 10^3}{\sqrt{3} \times 380} = \frac{108 \times 10^3}{\sqrt{3} \times 380} \approx 164\text{A}$$

b. 第二路干线（第 3 和第 4 分箱）的计算负荷

本路配电干线配电给第 3 和第 4 分配电箱。其中第 3 分配电箱给 7 号弧焊机 1、8 号弧焊机 2、12 号振捣器 1、13 号振捣器 2、6 号卷扬机配电；第 4 分配电箱给 3 号电梯 2、4 号搅拌机 1、5 号搅拌机 2 配电。本路配电干线一共给以上 8 台用电设备配电，按照用电设备组设备容量计算规则，其合计设备容量为

$$P_{e2} = 15 + 7.5 \times 2 + 14 + 25.5 \times 2 + 1.5 \times 2 = 98\text{kW}$$

本路用电设备数量比第一路用电设备数量多，而且双台同规格用电设备比第一路多，实际上同时满载运行机会少，且实际综合功率因数较铭牌值偏低，故取 $K_{x2}=0.59$；取计算功率因数 $\cos\varphi_2=0.6$，相应的 $\tan\varphi_2=1.33$。依照上述条件，本路配电干线上的计算负荷为：

$$P_{j2} = K_{x2} \times P_{e2} = 0.59 \times 98 \approx 57.8\text{kW}$$

$$Q_{j2} = P_{e2} \times \tan\varphi_2 = 57.8 \times 1.33 \approx 76.9\text{kvar}$$

$$S_{j2} = \frac{P_{j2}}{\cos\varphi_2} = \frac{57.8}{0.6} \approx 96\text{kV} \cdot \text{A}$$

$$I_{j2} = \frac{S_{j2} \times 10^3}{\sqrt{3} \times 380} = \frac{96 \times 10^3}{\sqrt{3} \times 380} \approx 145\text{A}$$

c. 第三路干线（照明分箱）的计算负荷

本路配电干线为照明专线，主要配电给第 5 分配电箱，即照明配电分箱。由此照明配电分箱再向各照明开关箱和照明器配电。

本路配电干线上的用电设备，即为表 4-3-3 中第 14 号照明器，包括照明分配电箱，以及其下设的门卫（兼控路灯）、办公室、宿舍、食堂等场所的照明开关箱。照明开关分箱以下就是日光灯、碘钨灯、高压汞灯、白炽灯等各种照明器。按照用电设备组设备容量计算规则，其合计设备容量为

$$P_{j3} = 3.6 + 1.2 \times 2.8 \approx 7\text{kW}$$

因为日光灯、高压汞灯的功率因数 $\cos\varphi=0.55$，相应的功率因数角的正切值 $\tan\varphi=1.52$，故：

$$Q_{j3}=1.2\times 2.8\times 1.52=5.1\text{kvar}$$

$$S_{j3}=\sqrt{P_{j3}^2+Q_{j3}^2}=\sqrt{7^2+5.1^2}=8.7\text{kV}\cdot\text{A}$$

$$I_{j3}=\frac{S_{j3}\times 10^3}{\sqrt{3}\times 380}=\frac{8.7\times 10^3}{\sqrt{3}\times 380}=13.2\text{A}$$

以上计算结果列于表 4-3-4 中。其中，各用电设备组计算电流值可用于选择总配电箱（柜）分路电器、分路干线等；而总计算电流值可用于选择电源进线和总配电箱（柜）电源总开关电器。

**某施工现场一大型框架工程用电工程计算负荷表 表 4-3-4**

| 用电设备组 | 用电设备名称 | 设备容量 $P_e$(kW) | $K_x$ | $\cos\varphi$ | $\tan\varphi$ | $K_T$ | 计算负荷 | | | |
|---|---|---|---|---|---|---|---|---|---|---|
| | | | | | | | $P_j$ (kW) | $Q_j$ (kvar) | $S_j$ (kV·A) | $I_j$ (A) |
| 一路干线 1.2 分箱 | E60—26 意大利塔式起重机 | 77.5 | 0.67 | 0.6 | 1.33 | | 65.0 | 86.5 | 108 | 164 |
| | 电梯 1 | 11.0 | | | | | | | | |
| | 电锯 | 2.8 | | | | | | | | |
| | 无齿锯 | 2.8 | | | | | | | | |
| | 剪断机 | 3.0 | | | | | | | | |
| 二路干线 3.4 分箱 | 电梯 2 | 15.0 | 0.59 | 0.6 | 1.33 | | 57.8 | 76.9 | 96 | 145 |
| | 搅拌机 1 | 7.5 | | | | | | | | |
| | 搅拌机 2 | 7.5 | | | | | | | | |
| | 卷扬机 | 14.0 | | | | | | | | |
| | 弧焊机 1 | 25.5 | | | | | | | | |
| | 弧焊机 2 | 25.5 | | | | | | | | |
| | 振捣器 1 | 1.5 | | | | | | | | |
| | 振捣器 2 | 1.5 | | | | | | | | |
| 三路干线照明分箱 | 照明 | 7 | 1.0 | | | | 7 | 5.2 | 8.7 | 13.2 |
| 总路进线总箱或柜 | 全部用电设备 | 195 | 0.47 | 0.6 | 1.33 | 1 | 98.7 | 127.2 | 161 | 245 |

说明：

□ 弧焊机设备容量 25.5kW 已按三相对称负荷折算。

□ 三路干线（照明分箱）照明设备中有白炽灯、碘钨灯 3.6kW；日光灯、高压灯 2.8kW，且其功率因数 $\cos\varphi=0.55$，$\tan\varphi=1.52$，故其设备容量为 $P_e=3.6+1.2\times2.8=7$kW，其计算负荷为 $P_j=3.6+1.2\times2.8=7$kW，$Q_j=1.2\times2.8\times1.52=5.2$kvar，$S_j=13.2$kV·A。

□ 总路进线全部用电设备的设备容量 195kW 中不包括照明 7kW，总计算负荷 $P_j=0.47\times195+7=98.7$kW，$Q_j=0.47\times195\times1.33+5.2=127.2$kvar，从而有：

$$S_j=\sqrt{98.7^2+127.2^2}\approx161\text{kV}\cdot\text{A}$$

$$I_j=\frac{161\times10^3}{\sqrt{3}\times380}\approx245\text{A}$$

□ 本例中，第一路干线分支配出两路支干线。其中，一路支干线配电给第 1 分配电箱；另一路支干线配电给第 2 分配电箱。

第 1 分配电箱支干线计算负荷与 E60—26 意大利塔式起重机和电梯 1 的设备容量有关，计算方法与第一路干线负荷计算方法相似。

第 2 分配电箱支干线计算负荷与电锯、无齿锯、剪断机的设备容量有关，计算方法与第一路干线负荷计算方法相似。

□ 本例中，第二路干线也分支配出两路支干线。其中，一路支干线配电给第 3 分配电箱；另一路支干线配电给第 4 分配电箱。

第 3 分配电箱支干线计算负荷与弧焊机 1、弧焊机 2、振捣器 1、振捣器 2、卷扬机五台用电设备的设备容量有关，计算方法与第二路干线负荷计算方法相似。

第 4 分配电箱支干线计算负荷与电梯 2、搅拌机 1、搅拌机 2 三台用电设备的设备容量有关，计算方法也与第二路干线负荷计算方法相似。

用电设备组的计算负荷，除了与其中各台用电设备的设备容量有关以外，主要与该用电设备组的需要系数 $K_x$ 和平均综合功

率因数 $\cos\varphi$ 有关。而用电设备组的需要系数 $K_x$ 和平均综合功率因数 $\cos\varphi$ 的准确确定，实际上取决于用电设备组的运行规律，可根据长期运行经验选取。一般来说，需要系数 $K_x$ 越大，计算负荷或计算电流越大，导致选取的线缆和电器的规格参数也越大，应用的可靠性也越高，相应的器材费用也越高。

（2）【实例 2】：某施工现场一教学楼工程用电系统负荷计算说明书

① 设备容量：参照图 4-2-2A、B（用电工程总平面图和配电系统结构形式简图），引用单台设备设备容量计算公式（4-3-3）～式（4-3-13），可得该用电工程用电设备的设备容量计算单如下：

1 号设备（QZ315 型塔式起重机）的设备容量

$$P_{e1}=2P'_e\sqrt{JC}=2\times(3+3+15)\times\sqrt{0.25}=21\text{kW}$$

2 号设备（QZ315 型塔式起重机）的设备容量

$$P_{e2}=2P'_e\sqrt{JC}=2\times(3+3+15)\times\sqrt{0.25}=21\text{kW}$$

3 号设备（混凝土搅拌机 1）的设备容量

$$P_{e3}=P'_{e3}=7.5\text{kW}$$

4 号设备（混凝土搅拌机 2）的设备容量

$$P_{e4}=P'_{e4}=7.5\text{kW}$$

5 号设备（钢筋切断机）的设备容量

$$P_{e5}=P'_{e5}=4.0\text{kW}$$

6 号设备（钢筋煨弯机）的设备容量

$$P_{e6}=P'_{e6}=4.0\text{kW}$$

7 号设备（钢筋煨弯机）的设备容量

$$P_{e7}=P'_{e7}=4.0\text{kW}$$

8 号设备（电焊机 1）的设备容量

$$P_{e8}=S'_{e8}\sqrt{JC}\cos\varphi=32\times\sqrt{0.65}\times0.85=22\text{kW}$$

9 号设备（电焊机 2）的设备容量（另有一台同样电焊机备用）

$$P_{e9}=S'_{e9}\sqrt{JC}\cos\varphi=22\times\sqrt{0.65}\times0.85=15.1\text{kW}$$

10 号设备（弧焊机 1）的设备容量

$$P_{e10}=S'_{e10}\sqrt{JC}\cos\varphi=50.5\times\sqrt{0.60}\times0.85\approx33.2\text{kW}$$

11 号设备（弧焊机 2）的设备容量

$$P_{e11}=S'_{e11}\sqrt{JC}\cos\varphi=50.5\times\sqrt{0.60}\times0.85\approx33.2\text{kW}$$

12 号设备（电锯）的设备容量

$$P_{e12}=P'_{e12}=3.0\text{kW}$$

13 号设备（振捣器 1）的设备容量

$$P_{e13}=P'_{e13}=2.2\text{kW}$$

14 号设备（振捣器 2）的设备容量

$$P_{e14}=P'_{e14}=2.2\text{kW}$$

15 号设备（照明器）的设备容量

$$P_{e15}=P'_{e15}=2.4+1.8=4.2\text{kW}$$

由于用电设备中，8、9、10、11 号四台设备（电焊机）为接入线电压的单相设备，故存在三相容量是否平衡的问题。但若将其中 8、9 号设备接入电源 A、B 线间，10 号设备接入电源 B、C 线间，11 号设备接入电源 C、A 线间，三相不对称容量变为 (22＋15.1－33.2)＝3.9kW，小于三相总容量（22＋15.1＋33.2×2)＝103.5kW（三相不平衡率 $\beta=(22+15.1-33.2)/(22+15.1+33.2\times2)=3.8\%<15\%$）的 15%，所以不必对其进行不平衡换算。则总设备容量（不包括备用电焊机的设备容量）为：

$$\begin{aligned}\sum P_e&=21\times2+7.5\times2+4.0\times3+22+15.1\\&\quad+33.2\times2+3.0+2.2\times2+4.2\\&=184.1\text{kW}\end{aligned}$$

**某施工现场一教学楼工程用电设备及其设备容量汇总表　表 4-3-5**

| 编号 | 用电设备名称 | 型号及铭牌技术数据 | 设备容量 $P_e$（kW） |
|---|---|---|---|
| 1 | 塔式起重机 | QZ315 型，380V，(3＋3＋15) kW，$JC=25\%$ | 21kW |
| 2 | 塔式起重机 | QZ315 型，380V，(3＋3＋15) kW，$JC=25\%$ | 21kW |
| 3 | 混凝土搅拌机 1 | Y132S-4，380V，7.5kW，$\cos\varphi=0.8$ | 7.5kW |

续表

| 编号 | 用电设备名称 | 型号及铭牌技术数据 | 设备容量 $P_e$（kW） |
| --- | --- | --- | --- |
| 4 | 混凝土搅拌机 2 | Y132S-4，380V，7.5kW，$\cos\varphi=0.8$ | 7.5kW |
| 5 | 钢筋切断机 | Y112m-4，380V，4kW，$\cos\varphi=0.7$ | 4.0kW |
| 6 | 钢筋煨弯机 | Y112m-4，380V，4kW，$\cos\varphi=0.7$ | 4.0kW |
| 7 | 钢筋煨弯机 | Y112m-4，380V，4kW，$\cos\varphi=0.7$ | 4.0kW |
| 8 | 电焊机 1 | 单相 380V，$\cos\varphi=0.85$，$JC=65\%$<br>32kV·A | 22kW |
| 9 | 电焊机 2<br>另有一台备用 | 单相 380V，$\cos\varphi=0.85$　$JC=65\%$<br>22kV·A | 15.1kW |
| 10 | 弧（对）焊机 | BX3-630，单相 380V，$\cos\varphi=0.85$<br>$JC=60\%$，50.5kV·A | 33.2kW |
| 11 | 弧（对）焊机 | BX3-630，单相 380V，$\cos\varphi=0.85$<br>$JC=60\%$，50.5kV·A | 33.2kW |
| 12 | 电锯 | Y 系列，380V，$\cos\varphi=0.87$，3kW | 3.0kW |
| 13 | 振捣器 | Y 系列，380V，$\cos\varphi=0.85$，2.2kW | 2.2kW |
| 14 | 振捣器 | Y 系列，380V，$\cos\varphi=0.85$，2.2kW | 2.2kW |
| 15 | 照明 | 碘钨灯 2.4kW　白炽灯 1.8kW | 4.2kW |
| $\sum P_e$（全部用电设备设备容量之和，其中不包含备用电焊机） | | | 184.1kW |

② 计算负荷：

首先，根据上述设备容量的计算结果计算单台用电设备的计算负荷。为方便于选择配电系统的导线、电缆和配电电器，此处主要给出各用电设备“计算电流”$I_{j1}$ 的计算结果。计算过程中，暂且假设各用电设备的运行效率 $\eta$ 为 100%。

1 号塔式起重机：

$$I_{j1}=P_e/\sqrt{3}\times0.38\times\cos\varphi\times\eta=21/\sqrt{3}\times0.38\times0.75=42.4\text{A}$$

2 号塔式起重机：

$$I_{j1}=P_e/\sqrt{3}\times0.38\times\cos\varphi\times\eta=21/\sqrt{3}\times0.38\times0.75=42.4\text{A}$$

在以上 1、2 号塔式起重机“计算电流”$I_{j1}$ 的计算过程中，因设备原始铭牌中未给出功率因数值，故暂且假设其功率因数 $\cos\varphi=0.75$。

3 号混凝土搅拌机：

$$I_{j1}=P_e/\sqrt{3}\times 0.38\times \cos\varphi\times\eta=7.5/\sqrt{3}\times 0.38\times 0.8=14.2\text{A}$$

4 号混凝土搅拌机：

$$I_{j1}=P_e/\sqrt{3}\times 0.38\times \cos\varphi\times\eta=7.5/\sqrt{3}\times 0.38\times 0.8=14.20\text{A}$$

5 号钢筋切断机：

$$I_{j1}=P_e/\sqrt{3}\times 0.38\times \cos\varphi\times\eta=4.0/\sqrt{3}\times 0.38\times 0.7=8.66\text{A}$$

6 号钢筋煨弯机：

$$I_{j1}=P_e/\sqrt{3}\times 0.38\times \cos\varphi\times\eta=4.0/\sqrt{3}\times 0.38\times 0.7=8.66\text{A}$$

7 号钢筋煨弯机：

$$I_{j1}=P_e/\sqrt{3}\times 0.38\times \cos\varphi\times\eta=4.0/\sqrt{3}\times 0.38\times 0.7=8.66\text{A}$$

8 号电焊机 1：

$$I_{j1}=P_e/0.38\times \cos\varphi\times\eta=22/0.38\times 0.85=67.93\text{A}$$

9 号电焊机 2：

$$I_{j1}=P_e/0.38\times \cos\varphi\times\eta=15.1/0.38\times 0.85=46.63\text{A}$$

10 号弧（对）焊机：

$$I_{j1}=P_e/0.38\times \cos\varphi\times\eta=33.2/0.38\times 0.85=102.50\text{A}$$

11 号弧（对）焊机：

$$I_{j1}=P_e/0.38\times \cos\varphi\times\eta=33.2/0.38\times 0.85=102.50\text{A}$$

12 号电锯：

$$I_{j1}=P_e/\sqrt{3}\times 0.38\times \cos\varphi\times\eta=3.0/\sqrt{3}\times 0.38\times 0.87=5.22\text{A}$$

13 号振捣器：

$$I_{j1}=P_e/\sqrt{3}\times 0.38\times \cos\varphi\times\eta=2.2/\sqrt{3}\times 0.38\times 0.85=11.76\text{A}$$

14 号振捣器：

$$I_{j1}=P_e/\sqrt{3}\times 0.38\times\cos\varphi\times\eta=2.2/\sqrt{3}\times 0.38\times 0.85$$
$$=11.76\text{A}$$

15 号照明器：

$$I_{j1}=P_e/\sqrt{3}\times 0.38\times\cos\varphi\times\eta=4.2/\sqrt{3}\times 0.38\times 1.0=6.36\text{A}$$

单台用电设备的计算电流主要用于选择分配电箱分路的电器和开关箱的电器及相关的配电线、缆。

施工工程地上部分分段作业，故现场用电总需要系数按照实际施工用电规律和经验，可取为 $K_x=0.6$，平均功率因数取为 $\cos\varphi_3=0.65$，相应的 $\tan\varphi=1.17$。

由总配电箱配出的各路干线上的用电设备数量较少，可按满负荷计算。故当计算各路干线上的计算负荷时，需要系数均可取为 $K_x=1.0$。

根据以上已知条件，参照表 4-3-5，则总计算负荷为：

$$P_j=K_x\sum P_e=0.6\times 184.1\approx 110\text{kW}$$

$$Q_j=P_j\tan\varphi=110\times 1.17\approx 128.7\text{kvar}$$

$$S_j=\sqrt{P_j^2+Q_j^2}=\sqrt{110^2+128.7^2}=169\text{kV}\cdot\text{A}$$

$$I_j=\frac{S_j}{\sqrt{3}U_e}=\frac{169\times 10^3}{\sqrt{3}\times 380}\approx 257\text{A}$$

根据以上已知条件，参照表 4-3-5 及设备分组情况，则各路干线上的计算负荷分别为：

a. 总箱—1 分箱（$\sum$ 总-1）的计算负荷

参见表 4-3-5，1 分箱给 8、9、10、11 号用电设备配电，按照用电设备组设备容量计算规则，其合计设备容量为：

$$\sum P_e=22+15.1+33.2\times 2=103.5\text{kW}$$

考虑到该 4 种用电设备组成的设备组中，功率因数为 0.85 的弧（对）焊机的容量占主导地位，故取其综和功率因数为 $\cos\varphi_1=0.85$，则 $\tan\varphi_1=0.62$，所以

$$Q_{j1}=103.5\times0.62=64.2\text{kvar}$$

$$S_{j1}=\sqrt{P_{j1}^2+Q_{j1}^2}=\sqrt{103.5^2+64.2^2}\approx122\text{kV}\cdot\text{A}$$

$$I_{j1}=\frac{122\times10^3}{\sqrt{3}\times380}=185\text{A}$$

b. 总箱—2 分箱($\sum$ 总-2)的计算负荷

参见表 4-3-5，2 分箱给 1、13、14 号用电设备配电，按照用电设备组设备容量计算规则，其合计设备容量为：

$$P_{j2}=21+2.2\times2=25.4\text{kW}$$

因主要设备塔式起重机的功率因数无铭牌值，故本干线路综合功率因数取现场平均值，即 $\cos\varphi_2=0.65$，则 $\tan\varphi_2=1.17$，所以

$$Q_{j2}=25.4\times1.17\approx29.7\text{kvar}$$

$$S_{j2}=\sqrt{25.4^2+29.7^2}\approx39\text{kV}\cdot\text{A}$$

$$I_{j2}=\frac{39\times10^3}{\sqrt{3}\times380}\approx59\text{A}$$

c. 总箱—3 分箱($\sum$ 总-3)的计算负荷

参见表 4-3-5，3 分箱给 3、4、9（同机备用）号用电设备配电，按照用电设备组设备容量计算规则，考虑到备用电焊机为接入线电压的不对称单相负荷，其折算设备容量为$\sqrt{3}\times15.1\approx26.2\text{kW}$，故该用电设备组合计设备容量为：

$$P_{j3}=7.5\times2+\sqrt{3}\times15.1\approx41.2\text{kW}$$

取 $\cos\varphi_3=0.8$，$\tan\varphi_3=0.75$，则

$$Q_{j3}=41.2\times0.75\approx30.9\text{kvar}$$

$$S_{j3}=\sqrt{41.2^2+30.9^2}\approx51.5\text{kV}\cdot\text{A}$$

$$I_{j3}=\frac{51.5\times10^3}{\sqrt{3}\times380}=78.2\text{A}$$

d. 总箱—4 分箱($\sum$ 总-4)的计算负荷

参见表 4-3-5，4 分箱给 2、5、6、7、12 号用电设备配电，按照用电设备组设备容量计算规则，其合计设备容量为：

$$P_{j4}=21+4\times3+3=36\text{kW}$$

因为除塔式起重机的功率因数无铭牌值外，其余4台用电设备的功率因数中，有3台为0.7，1台为0.87，故为保障可靠性考虑，可取综合功率因数为$\cos\varphi_4=0.7$，则$\tan\varphi_4\approx1.02$，于是

$$Q_{j4}=36\times1.02=36.7\text{kvar}$$

$$S_{j4}=\sqrt{36^2+36.7^2}\approx51.4\text{kV}\cdot\text{A}$$

$$I_{j4}=\frac{51.4\times10^3}{\sqrt{3}\times380}\approx78.1\text{A}$$

e. 总箱—5分箱($\sum$ 总-5)的计算负荷

参见表4-3-5，5分箱给全现场照明用电设备配电，按照用电设备组设备容量计算规则，因为采用的照明器为纯电阻性负载，$\cos\varphi_{31}=1.0$，$\tan\varphi_{31}=0$，所以，其合计设备容量为：

$$P_{j34}=4.2\text{kW}$$

$$Q_{j34}=0$$

$$S_{j34}=4.2\text{kV}\cdot\text{A}$$

$$I_{j34}=\frac{4.2\times10^3}{\sqrt{3}\times380}\approx6.4\text{A}$$

以上计算结果列于表4-3-6中。其中各用电设备组计算电流值可用于选择总配电箱（柜）分路电器、分路干线、分配电箱总路电器等；而总计算电流值可用于选择电源进线和总配电箱电源总开关电器。

**某施工现场一教学楼工程用电工程计算负荷表　表4-3-6**

| 用电设备组 | 用电设备名称 | 设备容量 $P_e$(kW) | $K_x$ | $\cos\varphi$ | $\tan\varphi$ | $K_T$ | 计算负荷 | | | |
|---|---|---|---|---|---|---|---|---|---|---|
| | | | | | | | $P_j$ (kW) | $Q_j$ (kvar) | $S_j$ (kV·A) | $I_j$ (A) |
| $\sum$ 总-1 1分箱 | 电焊机 | 22.0 | 1.0 | 0.85 | 0.62 | | 103.5 | 64.2 | 122 | 185 |
| | 电焊机 | 15.1 | | | | | | | | |
| | 弧焊机 | 33.2 | | | | | | | | |
| | 弧焊机 | 33.2 | | | | | | | | |

续表

| 用电设备组 | 用电设备名称 | 设备容量 $P_e$(kW) | $K_x$ | $\cos\varphi$ | $\tan\varphi$ | $K_T$ | 计算负荷 | | | |
|---|---|---|---|---|---|---|---|---|---|---|
| | | | | | | | $P_j$ (kW) | $Q_j$ (kvar) | $S_j$ (kV·A) | $I_j$ (A) |
| $\sum$ 总-2 2分箱 | 塔式起重机 | 21.0 | 1.0 | 0.65 | 1.17 | | 25.4 | 29.7 | 39 | 59 |
| | 振捣器 | 2.2 | | | | | | | | |
| | 振捣器 | 2.2 | | | | | | | | |
| $\sum$ 总-3 3分箱 | 搅拌机 | 7.5 | 1.0 | 0.8 | 0.75 | | 41.2 | 30.9 | 51.5 | 78.2 |
| | 搅拌机 | 7.5 | | | | | | | | |
| | 电焊机（备） | 15.1 | | | | | | | | |
| $\sum$ 总-4 4分箱 | 塔式起重机 | 21.0 | 1.0 | 0.7 | 1.02 | | 36 | 36.7 | 51.4 | 78.1 |
| | 钢筋切断机 | 4.0 | | | | | | | | |
| | 钢筋煨弯机 | 4.0 | | | | | | | | |
| | 钢筋煨弯机 | 4.0 | | | | | | | | |
| | 电锯 | 3.0 | | | | | | | | |
| $\sum$ 总-5 5分箱 | 照明 | 4.2 | | 1.0 | 0 | | 4.2 | 0 | 4.2 | 6.4 |
| $\sum$ 总 | 全部用电设备 | 184.1 | 0.6 | 0.65 | 1.17 | 1 | 110 | 128.7 | 169 | 257 |

说明：1.（$\sum$ 总）全部用电设备的设备容量（其中不包括备用电焊变压器 15.1kW）为 $\sum P_e = 184.1$kW。

2. 总三相不对称度（主要表现在 $\sum$ 总-1 干线配电的 1 分箱所属用电设备）即为 $\beta$=（22＋15.1－33.2)/(22＋15.1＋33.2×2)＝3.8%＜15%。所以，该不对称度值对于该设备组设备容量和的计算没有影响，即 $\sum P_{e1}=22+15.1+33.2\times2=103.5$kW。

3. $\sum$ 总-3 中，备用电焊机 15.1kW 为接入线电压的单相负荷，其折算设备容量应按三相对称负荷计为 $\sqrt{3}\times15.1=26.2$kW。此电焊机虽为备用，未计入全部用电设备的设备容量，但在计算 3 分箱用电设备组的设备容量时则必须计入。

4. 由总配电箱配出的各支干上的用电设备较少，可按满负荷计算，故为保障可靠性起见，各设备组均取 $K_x=1.0$。

## 4.4 供电变压器的选择

上述配电干线或母线上的计算负荷实际上就是施工现场用电工程的用电总计算负荷或总用电容量，总计算负荷除了用于选择配电干线线、缆（截面）和总配电箱或总配电柜中配电电器的规格（电压、电流额定值）以外，还可用作选择供电变压器容量的主要依据。

在选择供电电力变压器容量时，除了主要依据总计算负荷以外，还需要考虑变压器的固有损耗和经济运行问题。

变压器的固有损耗包括有功损耗和无功损耗两部分，其值可在变压器的技术数据中查到，亦可按下列近似公式估算。即：

$$\Delta P_B=0.02S_j \tag{4-4-1}$$

$$\Delta Q_B=0.08S_j \tag{4-4-2}$$

$$\Delta S_B=\sqrt{\Delta P_B^2+\Delta Q_B^2} \tag{4-4-3}$$

式中 $\Delta P_B$——变压器的有功损耗（kW）；

$\Delta Q_B$——变压器的无功损耗（kvar）；

$S_j$——用电系统总计算负荷（kV·A）。

于是，所选变压器的容量最小应为：

$$S_B=S_j+\Delta S_B \tag{4-4-4}$$

一般为可靠计，在兼顾变压器固有损耗和经济运行的同时，以所选变压器容量比用电系统总计算负荷大 20%～30%为宜。

**【例 1】** 某施工现场一大型框架工程的用电工程总计算负荷为 $S_j$=161kV·A，则有变压器损耗

$$\Delta P_B = 0.02S_j = 0.02 \times 161 = 3.2\text{kW}$$
$$\Delta Q_B = 0.08S_j = 0.08 \times 161 = 12.9\text{kvar}$$
$$\Delta S_B = \sqrt{\Delta P_B^2 + \Delta Q_B^2} = \sqrt{3.2^2 + 12.9^2} = 13.3\text{kV} \cdot \text{A}$$

于是，根据 $S_B = S_j + \Delta S_B = 161 + 13.3 = 174.3$kV·A，以及变压器经济运行要求，可选择变压器的规格为 10/0.4kV、200kV·A。

**【例 2】** 某施工现场一教学楼工程的用电工程总计算负荷为 $S_j$=169kV·A，则根据与例 1 同样的计算程序，可得：

$$\Delta P_B = 3.38\text{kW} \quad \Delta Q_B = 13.52\text{kvar} \quad \Delta S_B = 13.9\text{kV} \cdot \text{A}$$
$$S_B = S_j + \Delta S_B = 183\text{kV} \cdot \text{A}$$

于是，可选择变压器的规格为 10/0.4kV、>200kV·A。

## 4.5 设计配电系统

按照《规范》的规定，配电系统设计由以下四部分组成：

（1）设计配电线路，选择导线和电缆；

（2）设计配电装置，选择电器；

（3）设计接地装置；

（4）绘制用电工程图纸，主要包括用电工程总平面图、配电装置布置图、配电系统图接线图、接地装置设计图。

以下分别介绍上述四部分设计的具体内容和要求。

### 4.5.1 设计配电线路，选择导线和电缆

配电线路设计的内容和要求包括：确定配电线路的结构形式、配电线路的敷设方式和方法、配电线缆的选择等。兹分述如下：

（1）配电线路结构形式的确定

配电线路的结构形式可依据以下原则确定：

1）当配电线路采用绝缘导线架空敷设时，宜采用树干型配线，如图 4-5-1 所示。

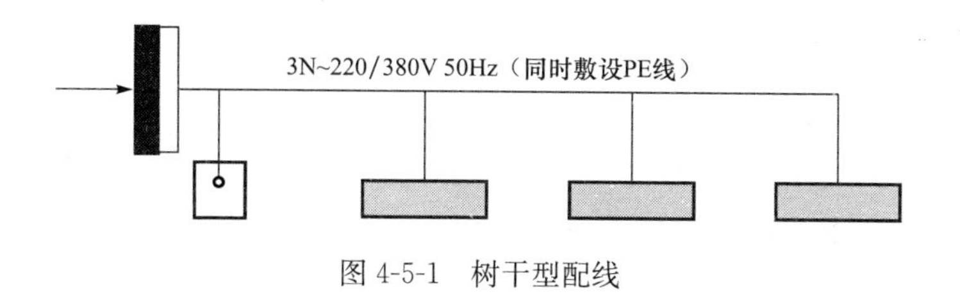


图 4-5-1　树干型配线

2）当配电线路采用（非分支）电缆敷设时，宜采用放射型配线，如图 4-5-2 所示。

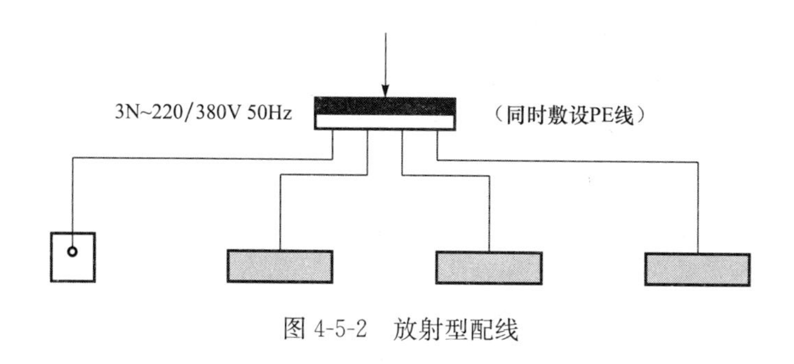


图 4-5-2　放射型配线

3）同类小容量彼此靠近的开关箱，可采用链型配线，如图 4-5-3 所示。

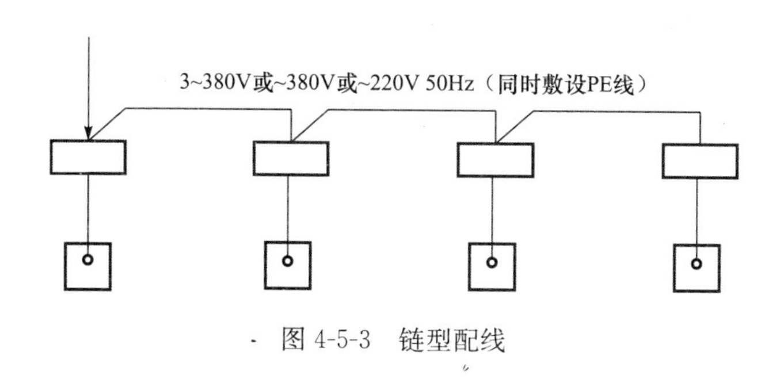


图 4-5-3　链型配线

4）较大型现场可保障供电可靠性的环形配线，如图 4-5-4 所示。

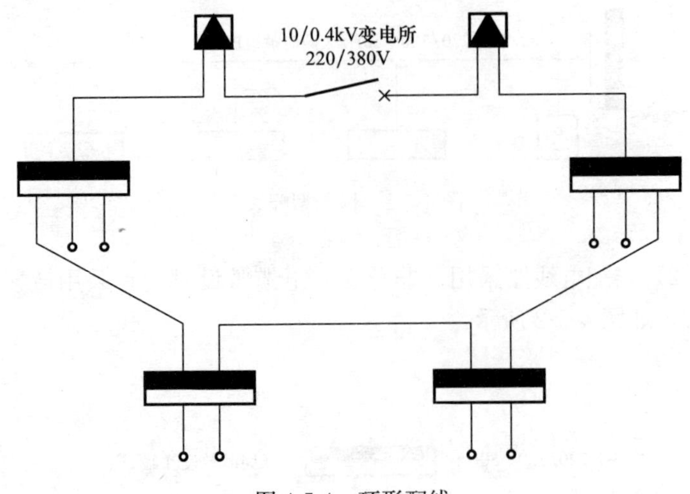


图 4-5-4　环形配线

（2）配电线路敷设方式方法的设计

配电线路敷设方式和方法的设计，从总体上说应体现【规范】对配电线路系统组成的技术要求，以及【规范】对其敷设规则的要求。以下对不同的配电线路，分别说明其敷设应有的具体设计内容和要求。

1）配电线路采用绝缘导线架空敷设时

当配电线路采用绝缘导线架空敷设时，其设计内容和要求应包括：

a. 对电杆、横担、绝缘子、导线的技术要求。其中，电杆要确定材质和尺寸；横担要确定材质和尺寸；绝缘子要确定型号和规格；绝缘导线要确定绝缘色，并符合相序色标规定。

b. 对线路敷设规则的要求。其中，电感埋设要确定埋设深度和稳固方式和方法；横担和绝缘子要具体说明安装固定尺寸和方法；绝缘导线架设要具体规定档距、线间距、绑扎固定、相序排列以及与邻近线路或固定物的防护距离等方面的要求。

2）配电线路采用电缆架空（包括沿墙壁）敷设时

当配电线路采用电缆架空敷设时，其设计内容和要求应包括：

a. 对电杆、电缆支架、绝缘子的技术要求。其中，电杆、电缆支架要确定材质和尺寸；绝缘子要确定型号和规格。

b. 对线路敷设规则的要求。其中，电杆和电缆支架埋设要确定埋设深度与稳固方式和方法；绝缘子要具体说明安装固定方式和方法；电缆固定要具体规定固定点间距和电缆绑扎固定要求等，以及电缆敷设高度和对周围防护环境要求等。

3）配电线路采用电缆埋地敷设时

当配电线路采用电缆埋地（一般是直埋）敷设时，其设计内容和要求应包括：

a. 对电缆沟槽的要求。电缆沟槽要确定沟槽方位、尺寸（主要是深度）及沟槽处安全环境要求等；确定地上电缆接线盒设置位置和结构要求等；确定埋地电缆进入在建工程位置和进入方式及沟槽处安全环境要求等。

b. 对线路敷设规则的要求。对线路敷设规则的要求，可主要参照图 4-5-5 基本确定。

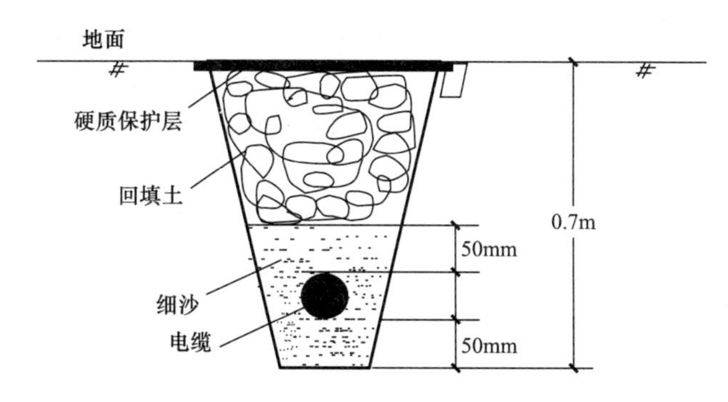


图 4-5-5　直埋电缆示意图

电缆（直）埋地敷设时，除应符合如图 4-5-5 所示的基本要求外，还要规定电缆接头处置的要求，以及电缆穿管埋地引入在建工程内部和在在建工程内部垂直与水平敷设的方式、方法和要求。

4）室内配线的敷设

施工现场中办公、生活及非露天加工、仓储等区域内的配电线路属于室内配线。室内配线敷设的设计首先要规定配线的方式，具体规定明敷设还是暗敷设。采用暗敷设时，还要规定穿管暗敷设的用材和要求；采用明敷设时，也要规定明敷设用材（例如绝缘管、绝缘槽板、绝缘线夹、钢索等）和要求。导线、电缆及其明、暗、钢索敷设规则符合规范要求。室内配线敷设的设计要规定配线敷设的位置和要求等。

（3）配电线路的线、缆选择

1）线、缆选择的共性要求

配电线路线、缆选择的共性要求首先是，选定线缆型号、规格（优先考虑选用铜芯线、缆）；其次是，根据负荷计算所获得的线路计算电流 $I_j$ 值，选择确定线、缆截面积，使其长期连续负荷允许载流量 $I_y$ 值不小于相关线路上的计算电流 $I_j$，即使

$$I_y \geqslant I_j \tag{4-5-1}$$

并能适应环境温度、机械强度和电压损失方面的要求。

对于整个配电线路来说，按照负荷计算所获得的线路计算电流 $I_j$ 值选择确定的线、缆截面积，属于相线截面积的选择，线、缆截面积选择不仅只是选择相线，也要同时选择工作零线和保护零线。另外，线、缆截面积的选择要按照配电线路不同线段的不同计算电流逐段选择。线、缆截面积选择的结果可以汇总列表的形式集中表达。

2）线、缆选择的个性要求

用作架空线路的导线必须绝缘良好，其中相线（L1、L2、L3）绝缘色必须符合【规范】关于相序排列（黄·绿·红）的规定。工作零线（N 线）和保护零线（PE 线）的绝缘色标必须符合【规范】或国标的统一规定，即 N 线—淡蓝色或浅蓝色，而 PE 线—绿/黄双色。

用作电缆线路的电缆必须保证绝缘良好，类型符合【规范】要求，特别要在严格遵守其芯线数与负荷的相数和线数一致的原

则要求下，具体规定各段电缆线路的芯线数要求；同时，在严格遵从【规范】或国标的统一规定下，规定对电缆内各种芯线绝缘色标的要求，其中对于用作N线和PE线的芯线绝缘色标要求与用作绝缘导线架空线路中的N线—淡蓝色或浅蓝色和PE线—绿/黄双色的绝缘色标要求一致。

作为配电线路设计的结果，要形成一个配电线路设计说明书。说明书的内容应包括：以文字、图形、表格形式表达的配电线路的结构形式，配电线路的敷设方式和方法，配电线、缆的选择等设计内容。

#### 4.5.2 设计配电装置，选择电器

配电装置设计的内容和要求包括：确定配电装置中配电柜柜体和配电箱、开关箱箱体结构要求（其中，配电箱包括总配电箱和分配电箱），配电装置的电器配置与接线，以及配电箱和开关箱的电器选择。

配电装置中的配电柜一般设置于配电室内，柜体结构通常已经标准化，设计、选购或订做时只需规定柜中电器配置与接线要求即可；而施工现场普遍、大量使用的配电箱、开关箱，其箱体结构通常未标准化，为确保其使用安全、可靠，【规范】对配电箱、开关箱的箱体结构特作出规范化规定，故以下关于配电装置结构设计的阐述中，只涉及配电箱和开关箱的箱体结构、电器配置与接线及电器选择。

（1）配电箱和开关箱的箱体结构

按照【规范】关于配电箱和开关箱的箱体结构的规范化规定，配电箱、开关箱的箱体结构设计应当遵从关于箱体材料选择、电气安装板配置、N线与PE线接线端子板设置、进线与出线口设置、箱体尺寸、箱门锁具配置，以及箱体外形防雨、防尘结构七项要求。以下对这七项要求的具体实施逐项予以说明。

1）箱体材料的选择

制作配电箱、开关箱的箱体材料一般可有两种：一种材料是厚度为1.5～2.0mm的冷轧钢板，对于制作小容量用电设备的

配电开关箱，所用冷轧钢板的厚度可放宽至1.2mm；另一种材料是阻燃性绝缘板。

本项设计中要具体确定制作相关配电箱、开关箱的箱体材料种类和规格。

2）电器安装板的配置

为了方便配电箱、开关箱内电器的安装和检修，配电箱、开关箱内应配置电器安装版。电器安装板的材质宜与箱体材质相同，金属电器安装板应与金属箱体作电气连接。

本项设计中要具体确定相关配电箱、开关箱中电器安装板的材质，以及其与金属箱体做等电位电气连接的方式和方法。

3）N线与PE线接线端子板的设置

在配电箱、开关箱内设电器安装板上，应配置用作工作零线和保护零线接线的N、PE接线端子板。N、PE接线端子板应设置在方便接线的位置上。

N、PE接线端子板必须分别设置，固定安装在电器安装板上，并作符号标记；N端子板与金属电器安装板之间必须保持绝缘；PE端子板与金属电器安装板之间必须保持电气连接，当采用绝缘电器安装板时，PE端子板应与金属箱体作电气连接；N、PE端子板的接线端子数应与箱体的进线和出线的总路数保持一致；N、PE端子板应采用紫铜板制作。

本项设计中，要具体确定N、PE接线端子板材质、尺寸、安装位置和规则。

4）进线口与出线口的设置

为了适应户外露天环境，防范风、沙、雨、雪的侵害，配电箱、开关箱的进、出线口位置应设置在其正常竖直安装位置的下底面。进出线口应光滑，以圆口为宜；进、出线口应配置固定线卡子，用于固定进、出线，密封进、出线口；进、出线口数应与进、出线总路数保持一致。

本项设计中要具体确定各相关配电箱和开关箱进出、线口的位置、形状、大小和数量。

5）箱体尺寸的确定

配电箱、开关箱的箱体（含配套电器安装板）尺寸应按箱内电器配置的数量、种类和外形尺寸，以及安全距离、操作、维修安全、方便等因素综合确定。具体设计时，箱内电器安装板上电器的安装尺寸关系可按表 4-5-1 确定。

**配电箱、开关箱内电器安装尺寸选择值　　表 4-5-1**

| 间距名称 | 最小净距（mm） |
| --- | --- |
| 并列电器（含单极熔断器）间 | 30 |
| 电器进、出线瓷管（塑胶管）孔与电器边沿间 | 15A，30<br>20～30A，50<br>60A 及以上，80 |
| 上、下排电器进出线瓷管（塑胶管）孔间 | 25 |
| 电器进、出线瓷管（塑胶管）孔至板边 | 40 |
| 电器至板边 | 40 |

本项设计中，要具体确定各相关配电箱和开关箱及其配套电器安装板的几何尺寸；确定电器安装板上各配置电器的安装位置，N、PE 接线端子板的安装位置及其相关接线穿孔位置等。

6）箱门锁具的配置

为加强配电箱、开关箱的安全管理，方便停电停用时被意外通电引发故障和事故，配电箱、开关箱的箱门处均应配装锁具。

本项设计中要具体确定各相关配电箱和开关箱箱门处的锁具类别。

7）箱体外形的确定

配电箱、开关箱的箱体外形应按具有防雨、防雪、防雾、防尘等适应户外露天环境条件要求的结构形状设计。

本项设计中要具体确定相关配电箱和开关箱的外形结构。

以上关于配电箱、开关箱的箱体结构设计内容和要求，除了要形成简要的文字说明书以外，主要要以图纸的形式表达各相关配电箱、开关箱的具体箱体结构全貌，包括箱体及其配套电器安装板的几何形状和尺寸，配置电器和 N、PE 接线端子板的安装进出线口线卡配件及箱门锁具的选配等。

(2) 配电箱和开关箱的电器配置与接线

配电箱及开关箱的电器配置与接线设计的基本内容和要求应包括：各相关配电箱和开关箱内电器类别、型号、规格、基本参数的选择确定，以及其在电器安装板上的安装布置和接线，并形成相关电器配置与接线图。同时，要保证各相关配电箱、开关箱内电器的选配、安装布置和接线符合【规范】对其应具备电器功能和保护的要求。各相关配电箱和开关箱的电器配置与接线设计结果，可以主要以其电器配置与接线图集中综合表达。

以下通过介绍几种典型配电箱、开关箱的电器配置与接线，具体阐明配电箱及开关箱电器配置与接线设计的基本内容和要求。

① 总配电箱的电器配置与接线

总配电箱的电器配置与接线有两种基本类型。第一种类型是：漏电保护器（漏电断路器）设置于总路进线端，而分路出线端不设置漏电保护器（漏电断路器），如图 4-5-6$A$ 所示；第二种类型是：漏电保护器（漏电断路器）设置于各分路出线端，而总路进线端不设置漏电保护器（漏电断路器），如图 4-5-6$B$ 所示。

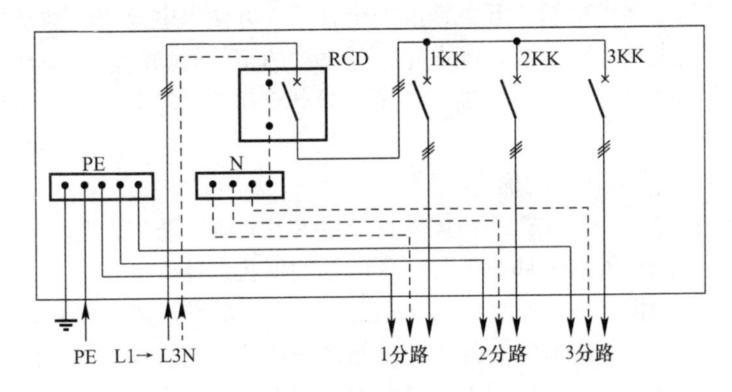


图 4-5-6$A$ 总配电箱的电器配置与接线图一

图 4-5-6$A$ 总配电箱的电器配置与接线图一的说明：

RCD—总漏电断路器，三极四线型，具有透明罩结构，分断时具有可见分断点，综合具有电源隔离，过载、短路、漏电保护功能。其额定漏电动作电流 $I_{\Delta}>30mA$，额定漏电动作时间 $T_{\Delta}>0.1s$，但它们的乘积 $I_{\Delta}\times T_{\Delta}\leqslant 30mA\cdot s$。

1KK～3KK—分路断路器，三极型，具有透明罩结构，分断时具有可见分断点，综合具有电源隔离，过载、短路保护功能。

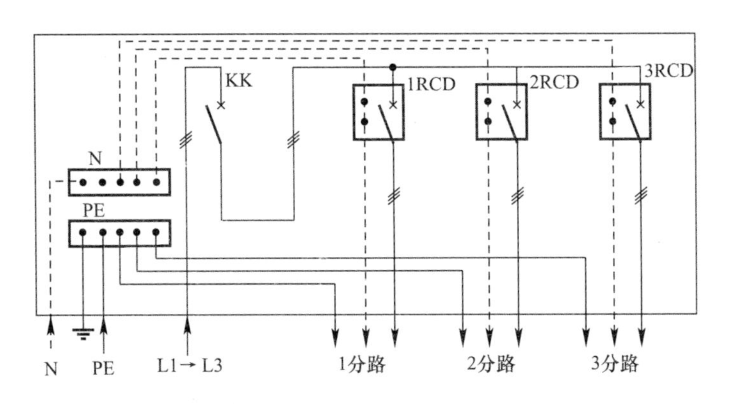


图 4-5-6*B*　总配电箱的电器配置与接线图二

图 4-5-6*B* 总配电箱的电器配置与接线图二的说明：

KK—总断路器，三极型，具有透明罩结构，分断时具有可见分断点，综合具有电源隔离，过载、短路保护功能。

1RCD～3RCD—分路漏电断路器，三极四线型，具有透明罩结构，分断时具有可见分断点，综合具有电源隔离，过载、短路、漏电保护功能。其额定漏电动作电流 $I_{\Delta}>30mA$，额定漏电动作时间 $T_{\Delta}>0.1s$，但它们的乘积 $I_{\Delta}\times T_{\Delta}\leqslant 30mA\cdot s$。

在图 4-5-6*A* 总配电箱的电器配置与接线图一和图 4-5-6*B* 总配电箱的电器配置与接线图二中，电源进线均为五线（L1、L2、L3、N、PE），其中进线中的 PE 线应就近做重复接地，接地电阻值为 $R_{C}\leqslant 10\Omega$。

在图 4-5-6$A$ 总配电箱的电器配置与接线图一和图 4-5-6$B$ 总配电箱的电器配置与接线图二中，分路数的设置，可以依照施工现场实际用电情况增减，但分路数不宜过多，一般以不超过 6 路为宜。

如果在图 4-5-6$A$ 总配电箱的电器配置与接线图一和图 4-5-6$B$ 总配电箱的电器配置与接线图二中，所选用的漏电断路器和断路器均为普通型，不具有透明罩结构，分断时不具有可见分断点，则均需在相关漏电断路器和断路器电源侧增设安装电源隔离开关，该电源隔离开关分断时应具有可见分断点，并能同时断开电源所有极。此时，普通断路器也可用具有可靠灭弧功能的熔断器替代。

在以上所述总配电箱的电器配置与接线中，不论选用何种电器，均必须是符合国家强制性标准 3C 认证的合格产品。

上述图 4-5-6$A$ 和图 4-5-6$B$ 所示两种总配电箱的电器配置与接线形式是针对施工现场属于三相五线进线，采用 TN—S 接零保护系统的用电系统设计的。当施工现场属于三相四线进线，采用局部 TN—S 接零保护系统时，上述两种总配电箱的电器配置与接线形式仍然是适用的，只需将相关图中 N、PE 接线端子板处的接线稍作调整，如图 4-5-7$A$ 和图 4-5-7$B$ 所示。

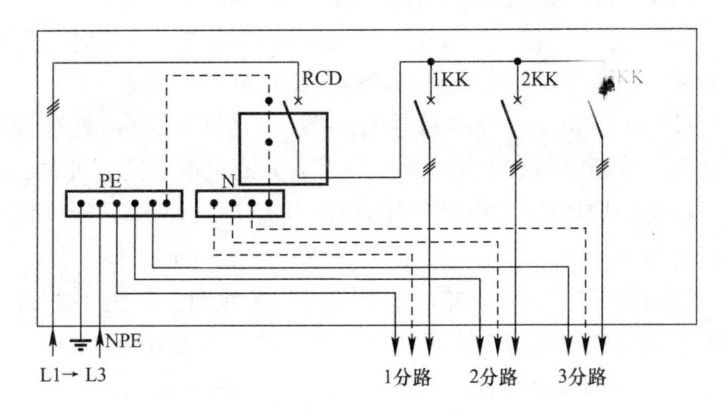


图 4-5-7$A$　总配电箱的电器配置与接线图一※

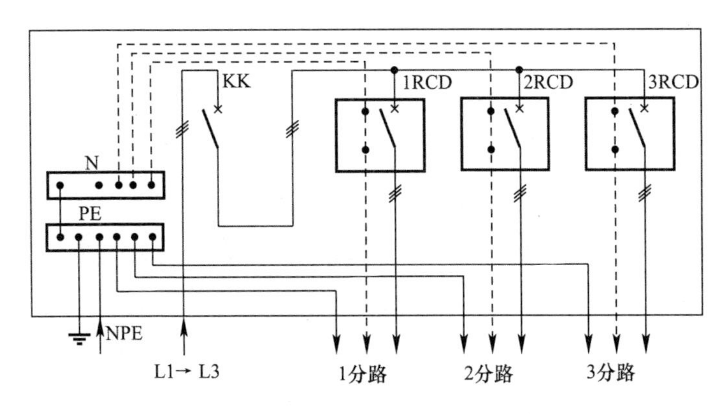


图 4-5-7*B*　总配电箱的电器配置与接线图二※

图 4-5-7*A*、*B* 总配电箱的电器配置与接线图一※、二※ 特别说明：

图 4-5-7*A*、*B* 与图 4-5-6*A*、*B* 基本相同，区别仅在于进线端零线的接线。在图 4-5-7*A*、*B* 中，进线端的零线为 N、PE 合一的 NPE 线，引进 PE 端子板后 N、PE 线即行分开。这样一来，现场用电系统仍为采用局部 TN—S 接零保护系统的三相五线系统。

② 分配电箱的电器配置与接线

分配电箱的电器配置与接线依所配电的用电设备组类别不同可有四种基本类型。其中，第一种类型是：三相动力分配电箱；第二种类型是：单相动力分配电箱；第三种类型是：单相、照明分配电箱；第四种类型是：三相、单相动照混合分配电箱。

以下分别介绍上述四种类型分配电箱的电器配置与接线。

a. 三相动力分配电箱的电器配置与接线

所谓三相动力分配电箱的电器配置与接线，如图 4-5-8*A* 所示。

图 4-5-8*A* 三相动力分配电箱电器配置与接线图的说明：

KK—总路断路器，三极型，具有透明罩结构，分断时具有可见分断点，综合具有电源隔离，过载、短路保护功能。

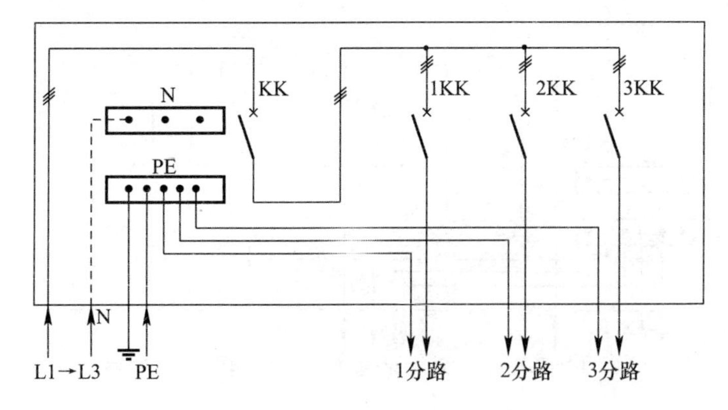


图 4-5-8*A* 三相动力分配电箱电器配置与接线图

1KK～3KK—分路断路器，三极型，具有透明罩结构，分断时具有可见分断点，综合具有电源隔离，过载、短路保护功能。

如果在图 4-5-8*A* 三相动力分配电箱的电器配置与接线图中，所选用的断路器均为普通型，不具有透明罩结构，分断时不具有可见分断点，则均需在相关断路器电源侧增设安装电源隔离开关，该电源隔离开关分断时应具有可见分断点，并能同时断开电源所有极。此时，普通断路器也可用具有可靠灭弧功能的熔断器替代，但所用电器均必须是符合国家强制性标准 3C 认证的合格产品。

图 4-5-8*A* 所示三相动力分配电箱的电器配置与接线形式适用于施工现场加工所需的各种纯三相动力用电设备组的配电，例如，钢筋加工机械用电设备组、木工机械用电设备组、混凝土搅拌机械用电设备组等。

在图 4-5-8*A* 所示三相动力分配电箱的电器配置与接线形式中，配电分路数可以依用电设备组内的用电设备台数增减，一般宜预留备用分路，但总路数不宜超过 6 路。引入的 N 线可留作备用。

b. 单相动力分配电箱的电器配置与接线

所谓单相动力分配电箱的电器配置与接线，如图 4-5-8*B*

所示。

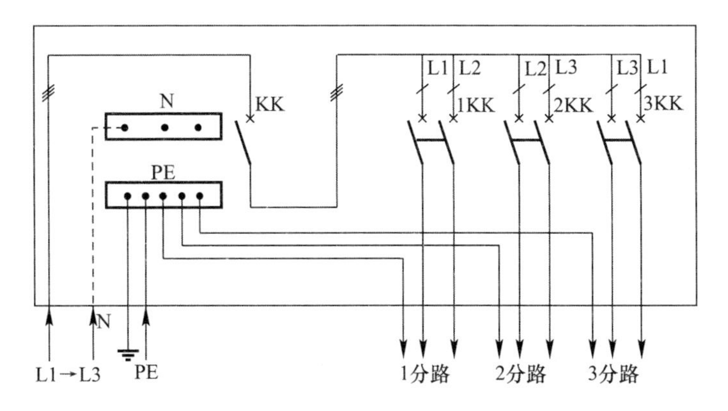


图 4-5-8*B*　单相动力分配电箱电器配置与接线图

图 4-5-8*B* 单相动力分配电箱电器配置与接线图的说明：

KK—总路断路器，三极型，具有透明罩结构，分断时具有可见分断点，综合具有电源隔离，过载、短路保护功能。

1KK～3KK—分路断路器，二极型，具有透明罩结构，分断时具有可见分断点，综合具有电源隔离，过载、短路保护功能。

如果在图 4-5-8*B* 单相动力分配电箱的电器配置与接线图中，所选用的断路器均为普通型，不具有透明罩结构，分断时不具有可见分断点，则均需在相关断路器电源侧增设安装电源隔离开关，该电源隔离开关分断时应具有可见分断点，并能同时断开电源所有极。此时，普通断路器也可用具有可靠灭弧功能的熔断器替代。但所用电器均必须是符合国家强制性标准 3C 认证的合格产品。

图 4-5-8*A* 所示三相动力分配电箱的电器配置与接线形式适用于施工现场加工所需的采用两相相电压作为电源的用电设备组的配电，例如，各种电焊机械用电设备组等。

在图 4-5-8*A* 所示三相动力分配电箱的电器配置与接线形式中，配电分路数可以依用电设备组内的用电设备台数增减，一般宜预留备用分路，但总路数不宜超过 6 路。引入的 N 线可留作备用。

c. 单相、照明分配电箱的电器配置与接线

所谓单相、照明分配电箱的电器配置与接线，如图 4-5-8*C* 所示。

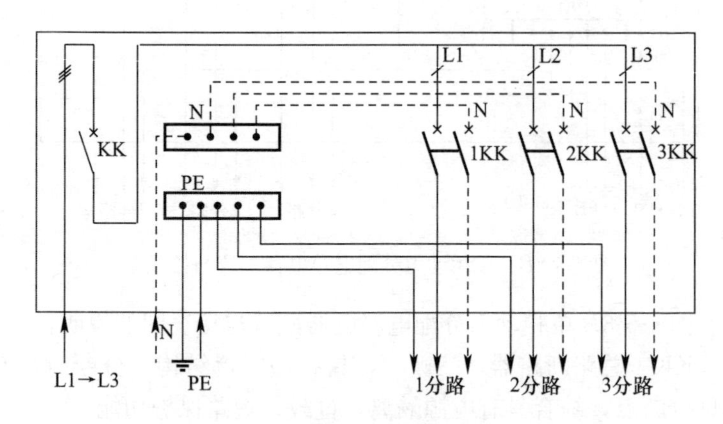


图 4-5-8*C* 单相、照明分配电箱电器配置与接线图

图 4-5-8*C* 单相、照明分配电箱电器配置与接线图的说明：

KK—总路断路器，三极型，具有透明罩结构，分断时具有可见分断点，综合具有电源隔离，过载、短路保护功能。

1KK～3KK—分路断路器，二极型，具有透明罩结构，分断时具有可见分断点，综合具有电源隔离，过载、短路保护功能。

如果在图 4-5-8*C* 单相、照明分配电箱的电器配置与接线图中，所选用的断路器均为普通型，不具有透明罩结构，分断时不具有可见分断点，则均需在相关断路器电源侧增设安装电源隔离开关，该电源隔离开关分断时应具有可见分断点，并能同时断开电源所有极。此时，普通断路器也可用具有可靠灭弧功能的熔断器替代。但所选用的电器均必须是符合国家强制性标准 3C 认证的合格产品。

图 4-5-8*C* 所示单相、照明分配电箱的电器配置与接线形式

适用于施工现场所需的采用单相相电压作为电源的用电设备组的配电。例如，各种场所照明器、单相电动工具用电设备组等。

在图 4-5-8C 所示单相、照明分配电箱的电器配置与接线形式中，配电分路数可以依用电设备组内的用电设备数及集中分区数增减，一般宜预留备用分路，但总路数不宜超过 6 路。此处，N 线属于单相设备或照明器的电源线之一。

如果图 4-5-8C 所示分配电箱被用作照明专用分配电箱，则各分路负荷应尽量均衡，每一分路灯具和插座数量不宜超过 25 个，负荷电流不宜超过 15A。

d. 三相、单相动照混合分配电箱的电器配置与接线

所谓三相、单相动照混合分配电箱的电器配置与接线，如图 4-5-8D 所示。

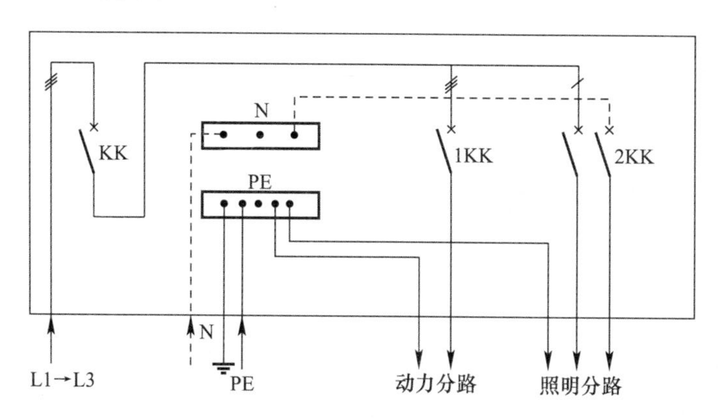


图 4-5-8D　三相、单相动照混合分配电箱电器配置与接线图

图 4-5-8D 三相、单相动照混合分配电箱电器配置与接线图的说明：

KK—总路断路器，三极型，具有透明罩结构，分断时具有可见分断点，综合具有电源隔离，过载、短路保护功能。

1KK—动力分路断路器，三极型，具有透明罩结构，分断时具有可见分断点，综合具有电源隔离，过载、短路保护功能。

2KK—照明分路断路器，二极型，具有透明罩结构，分断时具有可见分断点，综合具有电源隔离，过载、短路保护功能。

如果在图 4-5-8*D* 三相、单相动照混合分配电箱的电器配置与接线图中，所选用的断路器均为普通型，不具有透明罩结构，分断时不具有可见分断点，则均需在相关断路器电源侧增设安装电源隔离开关，该电源隔离开关分断时应具有可见分断点，并能同时断开电源所有极。此时，普通断路器也可用具有可靠灭弧功能的熔断器替代。但所选用的电器均必须是符合国家强制性标准3C 认证的合格产品。

图 4-5-8*D* 所示三相、单相动照混合分配电箱的电器配置与接线形式适用于施工现场具有动力照明用电的三相四线设备，例如，塔式起重机、外用电梯等。

在图 4-5-8*D* 所示三相、单相动照混合分配电箱的电器配置与接线形式中，配电分路数可以根据需要适当增加，或预留备用分路，但总路数不宜超过 6 路。此处，*N* 线属于单相照明器的电源线之一。

③ 开关箱的电器配置与接线

开关箱的电器配置与接线与用电设备类别有关，可有四种基本类型。其中第一种类型是：一般三相动力开关箱；第二种类型是：三相四线用电设备开关箱；第三种类型是：单相（380V）开关箱；第四种类型是：单相（220V）开关箱。

以下分别介绍上述四种类型开关箱的电器配置与接线。

a. 一般三相动力开关箱的电器配置与接线

所谓一般三相动力开关箱的电器配置与接线，如图 4-5-9*A* 所示。

图 4-5-9*A* 一般三相动力开关箱电器配置与接线图的说明：

RCD—漏电断路器，三极三线型，具有透明罩结构，分断时具有可见分断点，综合具有电源隔离，过载、短路、漏电保护功能。该漏电断路器的额定漏电动作电流和额定漏电动作时间在一般场所应分别为：$I_{\Delta} \leqslant 30mA$，$T_{\Delta} \leqslant 0.1s$。

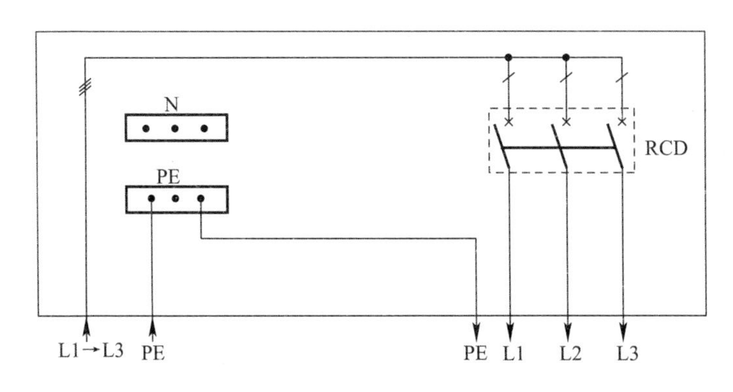


图 4-5-9*A*　一般三相动力开关箱电器配置与接线图

如果在图 4-5-9*A* 一般三相动力开关箱电器配置与接线图中，所选用的漏电断路器为普通型，不具有透明罩结构，分断时不具有可见分断点，则需在漏电断路器电源侧增设安装电源隔离开关。该电源隔离开关分断时应具有可见分断点，并能同时断开电源所有极。此时，普通漏电断路器亦可由普通断路器或熔断器与具有单一漏电保护功能的漏电保护器组合替代。但是，所选用的所有电器均必须是符合国家强制性标准 3C 认证的合格产品。

图 4-5-9*A* 所示一般三相动力开关箱电器配置与接线形式适用于施工现场三相动力用电设备的配电，例如，各种钢筋加工机械、木工机械、混凝土机械、水工机械、夯土机械，以及其他采用三相电源的各类施工和加工机械等。

在图 4-5-9*A* 所示一般三相动力开关箱电器配置与接线形式中，必须实行“一机一闸制”，不得再增加任何分路。

b. 三相四线用电设备开关箱的电器配置与接线

所谓三相四线用电设备开关箱的电器配置与接线，如图 4-5-9*B* 所示。

图 4-5-9*B* 三相四线用电设备开关箱电器配置与接线图的说明：

RCD—漏电断路器，三极四线型，具有透明罩结构，分断时具有可见分断点，综合具有电源隔离，过载、短路、漏电保护功能。该漏电断路器的额定漏电动作电流和额定漏电动作时间在一般场所应分别为：$I_{\Delta} \leqslant 30\mathrm{mA}$，$T_{\Delta} \leqslant 0.1\mathrm{s}$。

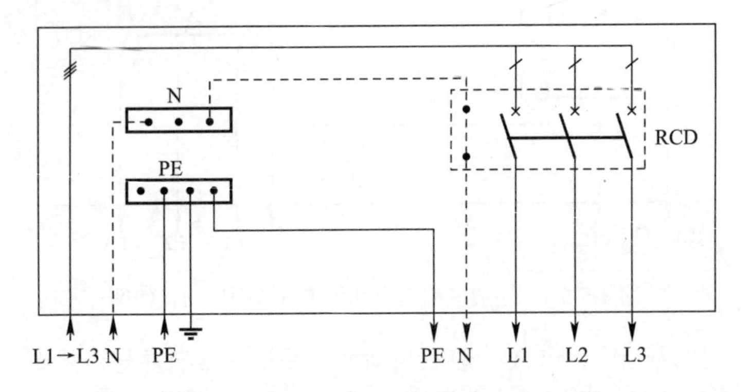


图 4-5-9*B* 三相四线用电设备开关箱电器配置与接线图

如果在图 4-5-9*B* 三相四线用电设备开关箱电器配置与接线图中，所选用的漏电断路器为普通型，不具有透明罩结构，分断时不具有可见分断点，则需在漏电断路器电源侧增设安装电源隔离开关，该电源隔离开关应为三极型，分断时应具有可见分断点，并能同时断开电源所有极。此时，普通漏电断路器亦可由普通断路器或熔断器与具有单一漏电保护功能的漏电保护器组合替代。但是，所选用的所有电器均必须是符合国家强制性标准 3C 认证的合格产品。

图 4-5-9*B* 所示三相四线用电设备开关箱电器配置与接线形式适用于施工现场三相、单相用电设备合一的综合用电设备的配电，例如大型建筑机械中的塔式起重机、外用电梯、盾构机械等。

在图 4-5-9*B* 所示三相四线用电设备开关箱电器配置与接线形式中，同样必须实行“一机一闸制”，不得再增加任何分路。

需要指出，施工现场中塔式起重机、外用电梯等属于露天作业的高大建筑机械，从使用安全角度来看，它们不仅有一个防止触电危害的接地保护问题；还同时有一个防直击雷危害的防雷接地问题。由于所述两种接地已经混接在一起，所以为同时满足两种接地的要求，其综合接地电阻值应按 PE 线重复接地电阻值不大于 10Ω 设计，并且相关开关箱中的 PE 线还应与该接地体有一个直接连接点。

c. 单相（380V）开关箱的电器配置与接线

所谓单相（380V）开关箱的电器配置与接线，如图 4-5-9*C* 所示。

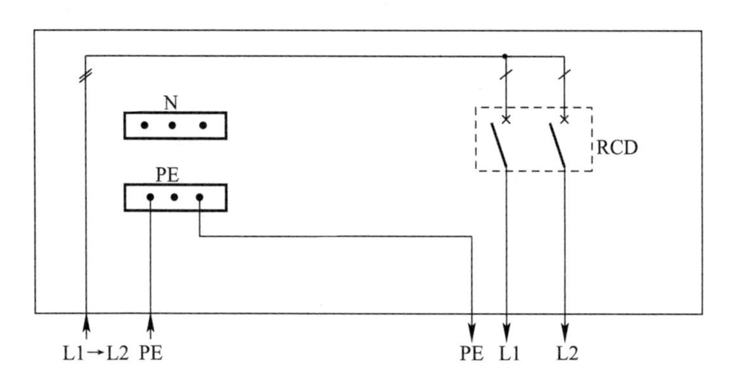


图 4-5-9*C*　单相（380V）开关箱的电器配置与接线图

图 4-5-9*C* 单相（380V）开关箱电器配置与接线图的说明：

RCD—漏电断路器，二极二线型，具有透明罩结构，分断时具有可见分断点，综合具有电源隔离，过载、短路、漏电保护功能。该漏电断路器的额定漏电动作电流和额定漏电动作时间在一般场所应分别为：$I_{\Delta} \leqslant 30mA$，$T_{\Delta} \leqslant 0.1s$。

如果在图 4-5-9*C* 单相（380V）开关箱电器配置与接线图中，所选用的漏电断路器为普通型，不具有透明罩结构，分断时不具有可见分断点，则需在漏电断路器电源侧增设安装电源隔离开关，该电源隔离开关分断时应具有可见分断点，并能同时断开电源所有极。所选用的电器均必须是符合国家强制性标准 3C 认证的合格产品。

图 4-5-9*C* 所示单相（380V）开关箱电器配置与接线形式适

用于施工现场采用380V线电压供电的单相用电设备（或称两相用电设备）的配电，例如，交流弧焊机等多种电焊设备，以及其他采用三相电源的用电设备。顺便指出，由于交流弧焊机等电焊设备的核心组件—电焊变压器，在其一次侧电源接通，二次侧把线空载断开时，两空载断开点之间仍具有50～70V的空载电压，该电压值已超出国家规定的安全电压范畴，对人体是潜在有触电危害的。为了防止交流弧焊机等电焊设备在使用过程中空载电压对人体潜在的触电危害，对于弧焊机等电焊设备专用的开关箱，应按照【规范】的规定在其内部或外部配装防二次侧触电保护器。

在图4-5-9*C*所示单相（380V）开关箱电器配置与接线形式中，必须实行“一机一闸制”，不得再增加任何分路。

d. 单相（220V）开关箱的电器配置与接线

所谓单相（220V）开关箱的电器配置与接线，如图4-5-9*D*所示。

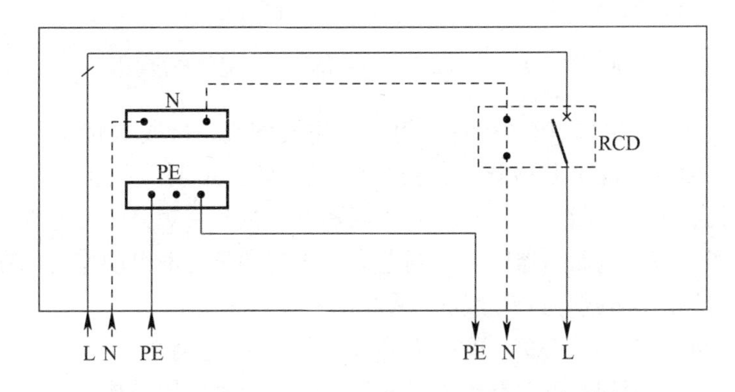


图4-5-9*D* 单相（220V）开关箱的电器配置与接线图

图4-5-9*D*单相（220V）开关箱电器配置与接线图的说明：

RCD—漏电断路器，一极二线型，具有透明罩结构，分断时具有可见分断点，综合具有电源隔离，过载、短路、漏电保护功能。该漏电断路器的额定漏电动作电流和额定漏电动作时间在一般场所应分别为：$I_{\Delta}\leqslant 30mA$，$T_{\Delta}\leqslant 0.1s$。

如果在图 4-5-9$D$ 所示单相（220V）开关箱电器配置与接线图中，所选用的漏电断路器为普通型，不具有透明罩结构，分断时不具有可见分断点，则需在漏电断路器电源侧增设安装电源隔离开关，该电源隔离开关分断时应具有可见分断点，并能同时断开电源所有极。此时，普通漏电断路器亦可由普通断路器或熔断器与具有单一漏电保护功能的漏电保护器组合替代。但是，所选用的所有电器均必须是符合国家强制性标准 3C 认证的合格产品。

图 4-5-9$D$ 所示单相（220V）开关箱电器配置与接线形式适用于施工现场采用 220V 相电压供电的单相用电设备的配电，例如，采用 220V 电源的照明器、手持式电动工具，安全隔离变压器和其他各种单相办公、生活用电器具等。

在图 4-5-9$D$ 所示单相（220V）开关箱电器配置与接线形式中，必须实行“一机一闸制”，不得再增加任何分路。

④ 配电箱、开关箱中插座配置问题的说明：

a. 按照【规范】第 8.2.15 条规定：配电箱、开关箱的电源进线端严禁采用插头和插座作活动连接。以防插头带电脱落时对人体构成的潜在触电危害。

b. 按照【规范】第 5.1.10 条规定，PE 线上严禁装设开关或熔断器，严禁通过工作电流，且严禁断线。所以，凡是涉及连接 PE 线的配电箱和开关箱，其出线端同样严禁设置插座，因为插头和插座既属于活动连接器，又属于开关电器。

（3）配电箱和开关箱的电器选择

① 断路器的选择

断路器是一种具有非频繁正常接通与分断电路，以及过载、短路保护功能的电器。

断路器选择的主要内容是：按配电线路额定电压 $U_{el}$、计算电流 $I_j$、最大短路电流和保护功能要求等因素选择断路器的形式、型号、规格，断路器的规格主要包括：额定电压 $U_e$、额定电流（含脱扣器整定额定电流 $I_n$）$I_e$、极限分断能力（电流）等。具体选择应符合以下要求：

a. 断路器的额定电压 $U_e$

断路器的额定电压 $U_e$ 应不低于配电线路的额定电压 $U_{el}$，即：

$$U_e \geqslant U_{el} \quad (4\text{-}5\text{-}2)$$

b. 断路器的额定电流（含脱扣器整定额定电流 $I_n$）$I_e$

断路器的额定电流（含脱扣器整定额定电流 $I_n$）$I_e$ 应不小于配电线路的计算电流 $I_j$，即：

$$I_e \geqslant I_j \quad (4\text{-}5\text{-}3)$$

c. 极限分断能力

断路器的极限分断能力，也就是其极限分断电流值。断路器的极限分断电流值应不小于电气线路最大短路电流值。其中对于动作时间在 0.02s 以下的 DZ 型等断路器，其极限分断冲击电流有效值 $I'_{fm}$ 应不小于电气线路最大短路电流第一周期全电流有效值 $I_{dm}$，即：

$$I'_{fm} \geqslant I_{dm} \quad (4\text{-}5\text{-}4)$$

d. 形式型号

对于施工现场的配电箱和开关箱来说，适宜的首选断路器形式是具有透明罩结构的塑壳式空气断路器（或称透明罩空气开关）；其次，才是普通塑壳式空气断路器（或称普通空气开关）。

② 漏电保护器或漏电断路器的选择

漏电保护器是一种只具有漏电保护功能的保护电器。而漏电断路器则是一种具有非频繁正常接通与分断电路，以及过载、短路、漏电保护功能的电器。可见，漏电断路器是一种兼有断路器和漏电保护器功能的综合电器。通常，为了简化配电箱和开关箱中的电器配置结构，尽量选择功能综合的电器。所以，此处只介绍漏电断路器的选择（其中，也已完全体现了漏电保护器的选择）。

漏电断路器选择的主要内容是：断路器功能参数的选择和漏电保护功能参数的选择，以及漏电断路器的极数、线数、结构形式、接线、使用要求等。其中，断路器功能参数的选择与断路器的选择相同，此处不再赘述；漏电保护功能参数的选择，则是主要根据配电装置的不同类别选择其额定漏电动作电流值和额定漏电动作时间。在上述有关总配电箱和开关箱的电器配置与接线图的阐述中，已经分散介绍过漏电断路器额定漏电动作参数的选择要求，现在再予以集中具体介绍，并补充介绍漏电断路器的极数、线数、结构形式、接线、使用的选择要求。

a. 开关箱中漏电保护器的额定漏电动作参数

□ 额定漏电动作电流 $I_{\Delta}$：一般场所 $I_{\Delta} \leqslant 30mA$，

潮湿与腐蚀介质场所 $I_{\Delta} \leqslant 15mA$，

□ 额定漏电动作时间 $T_{\Delta} \leqslant 0.1s$。

b. 总配电箱中漏电保护器的额定漏电动作参数

□ 额定漏电动作电流为 $I_{\Delta} > 30mA$，

□ 额定漏电动作时间为 $T_{\Delta} > 0.1s$，

□ 额定漏电动作电流与额定漏电动作时间的乘积 $I_{\Delta} \cdot T_{\Delta} \leqslant 30mA \cdot s$。

上述 30mA、15mA、0.1s 的规定主要来源于现行国家标准《剩余电流动作保护装置安装和运行》GB 13955 中，关于用于人身防触电保护的漏电保护器需要选择高速、高灵敏型的要求。而 $30mA \cdot s$ 规定，除了考虑漏电保护级间配合要求外，主要来源于现行国家标准《电流对人和家畜的效应 第 1 部分：常用部分》GB/T 13870.1—2008 中，正弦交流电的时间/电流效应区域的划分，也符合当前国际公认值。$30mA \cdot s$ 的规定表明，电流在人体引起的所谓病理、生理效应与流经人体电流的大小及该电流流经人体的时间都有关，即与其乘积有关。按照这一规定，当漏电保护器的额定漏电动作电流选取为 $I_{\Delta} = 100mA$ 时，则其额定漏电动作时间必有 $0.3s \geqslant T_{\Delta} > 0.1s$ 的限制关系，依次类推。

c. 漏电保护器或漏电断路器的极数和线数、结构形式、接线和使用选择要求

□ 极数和线数选择的要求：漏电保护器极数和线数必须与

负荷的相数和线数保持一致。按照这一原则要求，在一般情况下总配电箱中配置的漏电保护器或漏电断路器，不论设置于总路还是分路，均必须选择使用三极四线型产品。对于开关箱来说，如果开关箱配电给三相四线用电设备，则该开关箱中配置的漏电保护器或漏电断路器也均必须选择三极四线型产品。对于其他各类开关箱中的漏电保护器或漏电断路器，如果配电给钢筋加工机械、木工机械、混凝土机械，以及其他三相用电设备，则应选择三极三线型产品；如果配电给电焊机械以及其他采用 380V 电源的用电设备，则应选择二极二线型产品；如果配电给照明器以及其他采用 220V 电源的用电设备，则应选择一极二线型产品。

□ 结构形式选择的要求：漏电保护器在结构选型时，宜选用无辅助电源型（电磁式）产品，或选用辅助电源故障时能自动断开的辅助电源型（电子式）产品。不能选用辅助电源故障时不能断开的辅助电源型（电子式）产品。

□ 接线和使用的要求：漏电保护器的电源进线类别（相线或零线）必须与其进线端标记一一对应，不允许交叉混接。更不允许将 PE 线当 N 线接入漏电保护器。漏电保护器必须与用电工程符合【规范】规定的的接地系统配合使用。

③ 刀开关和刀熔开关的选择

刀开关和刀熔开关均属于手动开关电器，因其分断时具有可见分断点，故均可作为电源隔离开关使用。其中，刀熔开关实质是刀开关和熔断器的组合开关，因而还具有过载和短路保护功能。刀熔开关就其过载和短路保护功能来说可以替代断路器的功能，但由于其熔断器熔断（排除故障）后需重新更换方可继续使用，不及断路器保护性分闸（排除故障）后重新合闸即可继续使用方便。因此，两者相比较，从使用方便来说，宜优先选择断路器。

刀开关选择的主要内容是：按配电线路额定电压 $U_{el}$、计算电流 $I_j$ 选择刀开关的形式、型号、规格。刀开关的形式、型号、规格主要包括：结构、额定电压 $U_e$、额定电流 $I_e$ 等。

刀熔开关选择的主要内容是：按配电线路额定电压 $U_{el}$、计算电流 $I_j$、最大短路电流和保护功能要求等因素选择刀熔开关的形式、型号、规格。刀熔开关的规格主要包括：结构、额定电压 $U_e$、额定电流 $I_e$、熔断器额定电流等。

刀开关和刀熔开关具体选择应符合以下要求：

a. 刀开关和刀熔开关选择的共同要求

□ 结构：刀开关和刀熔开关在结构上均应具有透明罩，使用时不得有外露带电部分。

□ 额定电压 $U_e$：刀开关和刀熔开关的额定电压 $U_e$ 应不低于配电线路的额定电压 $U_{el}$，即：

$$U_e \geqslant U_{el} \tag{4-5-5}$$

□ 额定电流 $I_e$：刀开关和刀熔开关的额定电流 $I_e$ 应不小于配电线路的计算电流 $I_j$，即：

$$I_e \geqslant I_j \tag{4-5-6}$$

b. 熔断器的选择要求

刀熔开关中熔断器的选择与独立熔断器的选择要求是一样的，均与其配电负荷的性质、启动特性等因素有关。

熔断器选择的内容除上述刀熔开关选择表述的内容以外，还包括诸如最大（极限）分断电流、级间动作选择性配合、熔体额定电流与电缆、导线载流量的配合、熔体熔断时间与用电设备启动装置动作时间的配合等。

在这些熔断器选择的内容中，首要的是选择其额定电压和电流其次才是如上所说的其他内容。

熔断器额定电流的选择主要是选择熔断器的额定电流等级及其熔体的额定电流。选择的一般规则是熔断器熔体的额定电流 $I_{er}$ 应大于或等于配电线路的计算电流 $I_j$，即：

$$I_{er} \geqslant I_j \tag{4-5-7}$$

对用于不同性质用电设备回路的熔断器，其熔体额定电流的选择还要符合下述附加约束条件：

□ 单台电动机回路

用于单台电动机回路的熔断器（这种熔断器一般存在于由刀熔开关与单一功能漏电保护器，或刀开关、熔断器与单一功能漏电保护器组合配置的一般三相动力开关箱中），其熔体额定电流 $I_{er}$ 与电动机启动电流 $I_g$ 之间还应满足以下条件，即：

$$I_{er} \geqslant KI_g \tag{4-5-8}$$

式中 $K$——熔体选择计算系数，其值取决于电动机的启动状态和熔断器特性。几种常用熔断器的 $K$ 值如表 4-5-2 所示。

**电动机回路熔体选择计算系数 K　　表 4-5-2**

| 熔断器型号 | 熔体材料 | 熔体电流（A） | 熔体选择计算系数 $K$ | |
|---|---|---|---|---|
| | | | 电动机轻载启动 | 电动机重载启动 |
| RM10 | 锌 | ≤60<br>80～200<br>>200 | 0.38<br>0.30<br>0.28 | 0.45<br>0.38<br>0.30 |
| RL1 | 铜、银 | ≤60<br>80～100 | 0.38<br>0.30 | 0.45<br>0.38 |
| RT0 | 铜 | ≤50<br>60～200<br>>200 | 0.38<br>0.28<br>0.25 | 0.45<br>0.30<br>0.30 |
| RT10 | 铜、银 | ≤60<br>25～50<br>60～100 | 0.45<br>0.38<br>0.28 | 0.60<br>0.45<br>0.30 |

注：电动机轻载启动时间按 $t=3s$ 考虑，重载启动时间按 $t \leqslant 8s$ 考虑。对启动时间 $t>8s$，或频繁启动与反接制动的电动机，其熔体额定电流值宜比重载启动时加大一级。

□ 多台电动机组回路

用于多台电动机组回路的熔断器（这种熔断器一般存在于由刀熔开关与单一功能漏电保护器配电给多电动机组合设备的开关箱中），其熔体额定电流 $I_{er}$ 应满足下述关系，即：

$$I_{er} \geqslant K'\left(I_{gm} + \sum I_j\right) \tag{4-5-9}$$

式中 $I_{gm}$——电动机组中容量最大一台电动机的启动电流（一

般为容量最大一台电动机额定电流的5～7倍)；

$\sum I_j$——电动机组中其余电动机计算电流之和；

$K'$——电动机组回路熔体选择计算系数。当 $I_{gm}$ 很小时，$K'=1$；$I_{gm}$ 较大时，$K'=0.5\sim0.6$；$\sum I_j$ 很小时，$K'=K$。

□ 电焊机组回路

用于电焊机组回路的熔断器，其熔体额定电流可按下式计算选取，即：

$$I_{er}=K''\cdot\sum S_e\cdot10^3\cdot\sqrt{JC_e}/U_e(\mathrm{A}) \qquad (4\text{-}5\text{-}10)$$

式中 $S_e$——电焊机的额定容量（kV·A)；

$U_e$——电焊机的额定电压（V)；

$JC_e$——电焊机的额定暂载率（%)，一般为65%；

$K''$——电焊机组回路熔体选择系数，其值可参照表4-5-3选取。

**电焊机组回路熔体选择系数 $K''$　　表 4-5-3**

| 电焊机台数 | 熔体选择系数 $K''$ |
| --- | --- |
| 1 | 1.2 |
| 2～3 | 1.0 |
| >3 | 0.65 |

□ 照明回路

用于照明回路的熔断器，其熔体额定电流直接由前述式（4-5-7）确定。

除上述熔断器选择的首要内容以外，其他内容概述如下：

□ 最大（极限）分断电流 $I_{fm}$：为保证熔断器能够安全、可靠地分断最大短路冲击电流值，应使 $I_{fm}\geqslant I_{em}$，$I_{em}$ 是电气线路最大短路冲击电流有效值。

□ 级间动作选择性配合：前、后级熔断器额定电流之比宜为2～3。

□ 熔体额定电流 $I_{er}$ 与电缆、导线载流量 $I_e$ 的配合：为保证熔断器对配电线路的保护作用，熔体额定电流 $I_{er}$ 与电缆、导线载流量 $I_e$ 的配合应为 $I_j < I_{er} < I_e$。

□ 熔体熔断时间与用电设备启动装置动作时间的配合：当用电设备发生短路故障时，熔体要先于用电设备控制装置动作而熔断，为此，熔体的熔断时间应为用电设备控制装置动作时间的1/2左右。

#### 4.5.3 设计接地装置

接地装置设计的内容和要求包括：根据施工现场对各种接地装置设置和接地电阻值的要求，确定接地装置位置，接地装置类别和构成，以及人工接地装置的结构设计与敷设。

(1) 施工现场对各种接地装置设置和接地电阻值的要求

施工现场的接地主要分为四种类型：其一是工作接地；其二是重复接地；其三是防雷接地；其四是防静电接地。施工现场对各种接地装置设置和接地电阻值的要求如下。

① 工作接地装置的设置和要求

施工现场的所谓工作接地，是指在3N～220/380V三相四线制低压电力系统中，为了稳定三相电源电压及其对称性，将作为三相电源的10/0.4kV电力变压器低压侧中性点或230/400V发电机组中性点的直接接地。

在施工现场临时用电工程中，工作接地是通过工作接地装置实现的，其接地电阻 $R_g$ 值（工频接地电阻值）应当符合下面的规定。即：

a. 当变压器或发电机容量＞100kV·A时，$R_g \leqslant 4\Omega$；

b. 当变压器或发电机容量≤100kV·A时，$R_g \leqslant 10\Omega$；

c. 当土壤电阻率＞1000Ω·m时，$R_g \leqslant 30\Omega$。

② 重复接地装置的设置和要求

施工现场的所谓重复接地，是指在采用如上所述电源中性点直接接地、三相四线供电制、三相五线用电系统中，在作为专用保护零线PE线的首端处、中间处和末端处再做接地。由于专用保护零线 PE 由电源中性点引出，且在该处已经做了直接接地（工作接地），所以，顾名思义，将 PE 线再在其首、中、末端处接地，均称为重复接地。

在施工现场临时用电工程中，重复接地是通过重复接地装置实现的，其接地电阻 $R_C$ 值（工频接地电阻值）应当符合下面的规定。即：

每处重复接地装置的接地电阻值（工频接地电阻值）$R_C$ 一般为：$R_C \leqslant 10\Omega$。

在工作接地电阻值允许达到 10Ω 的电力系统中，PE 线上所有重复接地装置的等效接地电阻值不应大于 10Ω。

③ 防雷接地装置的设置和要求

施工现场的防雷主要是防止直击雷对现场高大建筑机械、高架金属设施，特别是现场作业人员身体的雷击危害。

施工现场防直击雷危害的基本措施是通过设置防雷接地装置，将需要防雷的设备、设施、架构等直接接地，即所谓防雷接地。施工现场对防雷接地装置的要求是：所有防雷接地装置的冲击接地电阻 $R_{Ch}$ 值不得大于 30Ω，即 $R_{Ch} \leqslant 30\Omega$。

④ 防静电接地装置的设置和要求

施工现场的防静电主要是防止某些机械设备上的静电放电引发火灾和对作业人员身体的危害。

施工现场防静电危害的基本措施主要是通过设置防静电接地装置将集聚在机械设备上的静电泄漏至大地，即所谓防静电接地。施工现场对防静电接地装置的要求是：所有防静电接地装置的接地电阻 $R_{jd}$ 值一般不得大于 100Ω，即 $R_{jd} \leqslant 100\Omega$；在高土壤电阻率地区，$R_{jd} \leqslant 1000\Omega$。

（2）接地装置位置的确定

确定施工现场各种类别接地装置设置位置的基本原则是：靠近需要接地的部位；接地点土壤状态良好，无杂物；邻域环境安全，无易燃易爆物、腐蚀介质、机械损伤物等。具体设置空间位置可作如下选择：

① 工作接地装置的位置——设置于电力变压器和发电机临近位置。

② 重复接地装置的位置——设置于总配电箱、分配电箱及远端开关箱处。

③ 防雷接地装置的位置——设置于高大建筑机械（例如，塔式起重机、外用电梯等）基础部位，以及高架金属设施（钢管脚手架等）底部临近位置。

④ 防静电接地装置的位置——设置于产生静电的场所。

(3) 接地装置的确定

接地装置分为自然接地装置和人工接地装置两类，以下分别介绍自然接地装置的选择和人工接地装置的设计、制作、敷设程序与方法。

① 自然接地装置的选择

自然接地装置由自然接地体和接地线焊接组成。所谓自然接地体，是指原已埋入地下，并与大地土壤有良好电气连接的金属体或金属结构体，例如，地下钢筋混凝土基础中的钢筋结构体、金属井管、非燃气金属管道、铠装电缆（铅包电缆除外）的金属外皮等。

接地设计时，宜优先选择自然接地装置。但在具体选用时，要逐个估算、测试其接地电阻值，及其接地的可靠性。以下简介常见自然接地体接地电阻的估算方法。

a. 直埋金属水管的接地电阻

直埋金属水管的接地电阻值如表 4-5-4 所示。

**直埋金属水管接地电阻值（Ω）　　表 4-5-4**

| 长度（m） | | 20 | 50 | 100 | 150 |
|---|---|---|---|---|---|
| 标称直径 | 25～50mm | 7.5 | 3.6 | 2 | 1.4 |
| | 70～100mm | 7.0 | 3.4 | 1.9 | 1.4 |

注：土壤电阻率 $\rho=100\Omega\cdot m$，埋深 0.7m；$\rho\neq100\Omega\cdot m$ 时，可按接地电阻与 $\rho$ 成正比例关系换算；埋深大于 0.7m 时，对接地电阻值影响不大。

b. 垂直圆柱形钢筋混凝土结构体在均质土壤中的接地电阻

垂直圆柱形钢筋混凝土结构体在均质土壤中接地电阻 $R$ 的计算可参照图 4-5-10，为：

$$R=\frac{1}{2\pi L}\left(\frac{\rho_1}{K_1}\ln\frac{4L}{d}+\frac{\rho-\rho_1}{K_2}\ln\frac{4L}{d_1}\right)(\Omega) \qquad (4\text{-}5\text{-}11)$$

式中 $\rho$——土壤电阻率（Ω·m）；

$\rho_1$——混凝土电阻率（Ω·m）；

$d$——圆柱混凝土体内钢筋体直径（m）；

$d_1$——圆柱混凝土体直径（m）；

$L$——接地体长度（m）；

$K_1$、$K_2$——圆柱混凝土体计算系数，可分别按 $d/2L$、$d_1/2L$，从表 4-5-5 中查出。

**圆柱混凝土体计算系数** **表 4-5-5**

| $d/2L$、$d_1/2L$ | 0.1 | 0.2 | 0.3 | 0.4 | 0.5 | 0.6 | 0.7 | 0.8 |
|---|---|---|---|---|---|---|---|---|
| $K_1$、$K_2$ | 1 | 0.98 | 0.95 | 0.9 | 0.82 | 0.74 | 0.65 | 0.55 |

c. 垂直圆柱形钢筋混凝土结构体在两层不同土壤中接地电阻 $R$ 的计算可参照图 4-5-11，为：

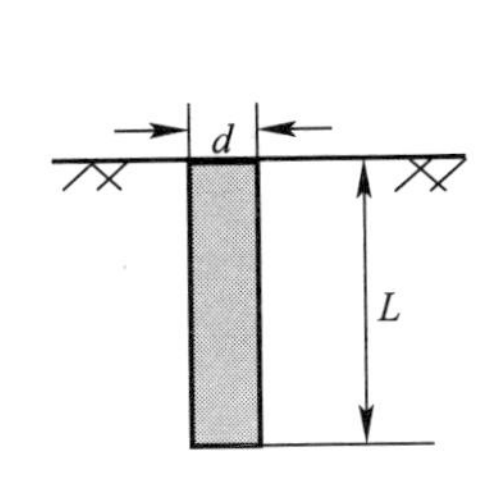

图 4-5-10 均质土壤中的垂直圆柱形钢筋混凝土结构体

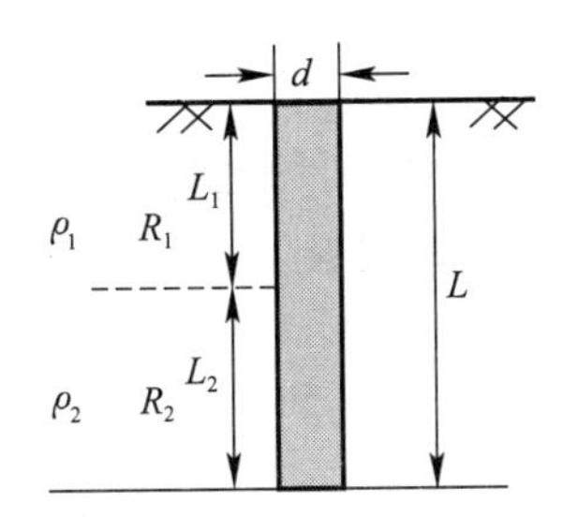

图 4-5-11 两层不同土壤中的垂直圆柱形钢筋混凝土体

$$R=\frac{R_1 \cdot R_2}{R_1+R_2}(\Omega) \qquad (4\text{-}5\text{-}12)$$

式中 $R_1$、$R_2$——分别为上、下两层土壤中的接地电阻，其计算与式（4-5-11）相似。

d. 水平圆柱形钢筋混凝土结构体在均质土壤中的接地电阻

水平圆柱形钢筋混凝土结构体有两种基本类型：其一是单根布置时的情形；其二是矩形环状布置时的情形。以下分别介绍两种布置情形时的接地电阻计算方法，参见图 4-5-12。

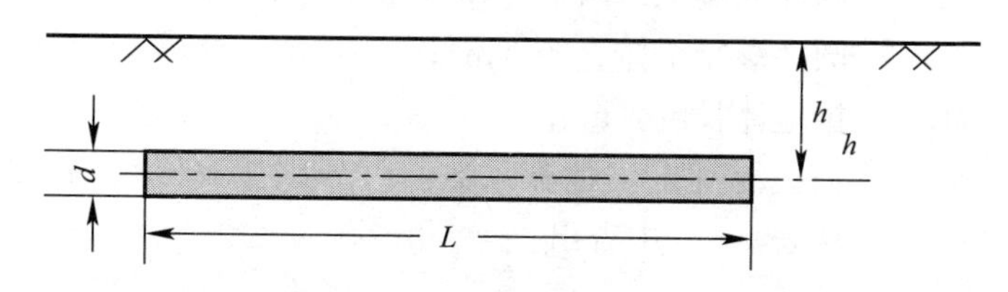


图 4-5-12 均质土壤中的水平圆柱形钢筋混凝土结构体（单根时）

□ 单根水平圆柱形钢筋混凝土结构体在均质土壤中的接地电阻 $R$ 可参照图 4-5-12 计算，为：

$$R=\frac{\rho_1}{2\pi L}\ln\frac{d_1}{d}+\frac{\rho}{2\pi L}\ln\frac{L^2}{d_1 h}(\Omega) \qquad (4\text{-}5\text{-}13)$$

式中 $h$——接地体埋深（m）；

$\rho$、$\rho_1$、$d$、$d_1$、$L$——同式（4-5-11）。

□ 闭合矩形环状水平圆柱形钢筋混凝土结构体在均质土壤中的接地电阻 $R$ 为：

$$R=\frac{\rho_1}{2\pi L}\ln\frac{d_1}{d}+\frac{\rho}{5\pi L}\left(\ln\frac{L^2}{d_1 h}+A\right)(\Omega) \qquad (4\text{-}5\text{-}14)$$

式中 $h$——接地体埋深（m）；

$L$——闭合矩形环周长（m）；

$\rho$、$\rho_1$、$d$、$d_1$——同式（4-5-11）。

$A$——闭合矩形环状系数，见表 4-5-6。

**闭合矩形结构体形状系数 A 值　　表 4-5-6**

| 长边/短边 | 1 | 1.5 | 2 | 3 | 4 | 5 | 6 | 7 | 8 | 9 | 10 |
|---|---|---|---|---|---|---|---|---|---|---|---|
| $A$ | 1.69 | 1.76 | 1.86 | 2.10 | 2.34 | 2.53 | 2.81 | 2.93 | 3.12 | 3.29 | 3.42 |

当水平钢筋混凝土结构体的横截面不是圆形，而是矩形时，仍然可以运用式（4-5-13）计算其接地电阻值。此时，其等效直径 $d$、$d_1$ 等于其对应的矩形周长除以 $\pi$。

e. 倒 T 形钢筋混凝土基础结构体的接地电阻

倒 T 形钢筋混凝土基础结构体在均质土壤中的接地电阻 $R$ 可参照图 4-5-13 计算，为：

$$R = \frac{R_1 \cdot R_2}{0.9(R_1 + R_2)}(\Omega) \qquad (4\text{-}5\text{-}15)$$

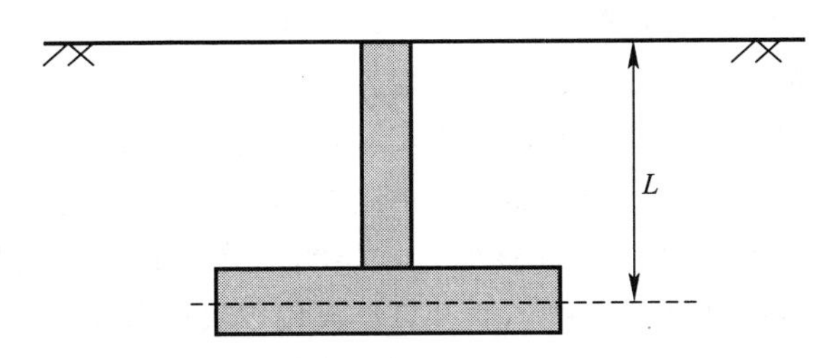


图 4-5-13　均质土壤中的倒 T 形钢筋混凝土基础结构体

式中　$R_1$——倒 T 形上部垂直圆柱形钢筋混凝土结构体的接地电阻（Ω），其值可以按照式（4-5-11）计算；

$R_2$——倒 T 形下部平板型钢筋混凝土结构体的接地电阻（Ω），其值可以按照如下式（4-5-16）计算，为：

$$R_2 = \frac{aK_h \cdot \rho}{4d_0}(\Omega) \qquad (4\text{-}5\text{-}16)$$

式中　$\rho$——土壤电阻率（Ω·m）；

$K_h$——混凝土层影响系数，其值可取为 1；

$d_0$——水平钢筋混凝土结构体中钢筋网的直径或等效直径（m）；

$a$——埋设深度影响系数，其值为 $a=1+\frac{2}{\pi}\arcsin\frac{d_0}{\sqrt{16L^2+d_0^2}}$（Ω）；

$L$——水平钢筋网的埋深（m）。

当水平钢筋网的截面为 $a\times b$ 的矩形时，其等效直径 $d_0=1.13\sqrt{ab}$（m）。

f. 水工钢筋混凝土结构体的接地电阻

周围为水的地下钢筋混凝土结构体的接地电阻 $R$ 为：

$$R=\frac{4\rho_s}{S} \tag{4-5-17}$$

式中 $\rho_s$——水的电阻率（Ω·m）；

$S$——混凝土体与水接触的表面积（$m^2$）。

需要指出，以上所述自然接地体接地电阻的计算式只能给出其接地电阻的近似参考值，由于实际自然接地体的结构形式往往很复杂，往往很难直接用如上简单结构体来表达，所以尚须经过采用接地电阻测试仪实测核准，才能实际确定其有效接地电阻值，此处按照计算式所得到的计算结果仅仅只可以作为一种预先估值。但仅就这一点，也是有实用价值的。

当施工现场没有有效自然接地体可利用时，则需要设置人工接地装置。

② 人工接地装置的设计与敷设

人工接地装置由人工接地体与人工接地线焊接构成。所谓人工接地体是指人为埋入地下，并与大地土壤有良好电气连接的金属体或金属结构体。

作为人工接地体的材料，可以采用圆钢、钢管、角钢等，不得采用螺纹钢或铝材。用于制作接地体的圆钢、钢管、角钢等，一般应用扁钢焊接而成为一个统一的接地体，不得采用绑扎连接，也不得采用螺栓连接。

作为人工接地线的材料一般可采用扁钢，并且应与人工接地体焊接在一起，然后引出地面。人工接地体与人工接地线的连接同样不得采用绑扎或螺栓连接。

为了保障人工接地体与人工接地线之间电气连接的可靠性，人工接地线至少应从接地体的不同两点焊接引出地面，然后再焊接在一起，并设置一个统一接线端子，作为电气设备接地时与接地装置的连接端。

用于连接电气设备接地端和接地装置接地端的（PE）接地连接线，则必须采用绝缘铜线，PE 线与电气设备接地端相连接的首端可以采用螺栓连接；PE 线与接地装置接地端相连接的末端，也可以采用螺栓连接。

人工接地装置的设置需经过设计、制作、敷设和测试、增补等过程，直至达到其接地电阻值符合规定值要求为止。

人工接地装置按敷设方式不同分为：接地体垂直敷设和接地体水平敷设两种。现以垂直敷设接地体为例，介绍其设计、制作、敷设方法和要求，其中重点介绍垂直复合接地体接地装置的设计、制作和敷设方法。

a. 单根垂直圆柱接地体的设计

单根垂直圆柱接地体的接地电阻 $R$（参照图 4-5-14）为：

$$R=\frac{\rho}{2\pi L}\ln\frac{4L}{d} \tag{4-5-18}$$

式中 $\rho$——土壤电阻率（Ω·m）；

$d$——圆柱接地体直径（m）；

$L$——圆柱接地体长度（m）。

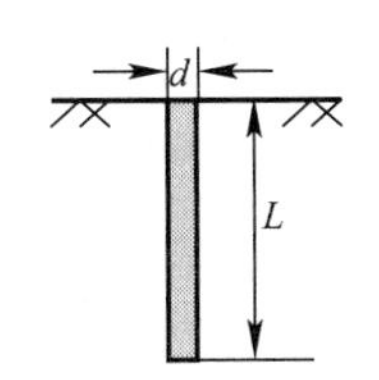


图 4-5-14 单根垂直圆柱接地体

b. 垂直复合接地体的设计

垂直复合接地体的设计可采取如下所述的所谓【三步查表计算法】：

□ 第一步——确定当地土质及其电阻率 $\rho$（Ω·m）。

施工现场土质及其电阻率可通过询问当地地质部门和查表 4-5-7 得到。

**土壤电阻率参考值（Ω·m）　　表 4-5-7**

| 类别 | 名称 | 电阻率近似值 | 电阻率变化范围 | | |
|---|---|---|---|---|---|
| | | | 较湿时一般，多雨区 | 较干时少雨，沙漠区 | 地下水含碱区 |
| 土 | 陶黏土 | 10 | 5～20 | 10～100 | 8～10 |
| | 泥类、泥炭岩、沼泽地 | 20 | 10～30 | 50～300 | 8～30 |
| | 捣碎的木炭 | 40 | | | |
| | 黑土、园田土、陶土、白垩土 | 50 | 30～1000 | 50～300 | 10～30 |
| | 黏土 | 60 | 30～1000 | 50～300 | 10～30 |
| | 砂质黏土 | 100 | 30～300 | 80～1000 | 10～30 |
| | 黄土 | 200 | 100～200 | 250 | 30 |
| | 含砂黏土、砂土 | 300 | 100～1000 | 71000 | 30～100 |
| | 河滩中的砂 | | 300 | 71000 | |
| | 煤 | | 350 | 71000 | |
| | 多石的土壤 | 400 | | 71000 | |
| | 上层风化黏土<br>下层红色页岩（湿度 30%） | 500 | | 71000 | |
| | 表层土夹石下层砾石（湿度 50%） | 600 | | 71000 | |
| 砂 | 砂、砂砾 | 1000 | 250～1000 | 1000～2500 | |
| | 砂层深＞10m 地下水较深的草原 | 1000 | | | |
| | 地面黏土深≤1.5m 底层多岩石 | 1000 | | | |
| 岩石 | 砾石、碎石 | 5000 | | | |
| | 多岩山地 | 5000 | | | |
| | 花岗石 | 200000 | | | |
| 混凝土 | 在水中 | 40-50 | | | |
| | 在湿土中 | 100-200 | | | |
| 矿 | 金属矿山 | 0.01-1 | | | |

□ 第二步——根据要实现的接地电阻值，查表 4-5-8，初步确定接地装置的组成结构。

**垂直复合接地体的接地电阻值　　　　表 4-5-8**

| 形式 | 接地体的敷设规则 | 材料规格（mm）用量（m） | | | 土壤电阻率（Ω·m） | | |
|---|---|---|---|---|---|---|---|
| | | 钢管 | 角钢 | 扁钢 | 100 | 250 | 500 |
| | | $\phi$50 | 50×50×5 | 40×4 | 工频接地电阻（Ω） | | |
| 单根 | 埋深：0.8m<br>间距：5m<br>排列：直线 | 2.5 | 2.5 | | 30.2<br>32.4 | 75.4<br>81.1 | 151<br>162 |
| 2 根 | 同上 | 5.0 | 5.0 | 5<br>5 | 10.1<br>10.5 | 25.1<br>26.2 | 50.2<br>52.5 |
| 3 根 | 同上 | 7.5 | 7.5 | 10<br>10 | 6.65<br>6.92 | 16.6<br>17.3 | 33.2<br>34.6 |
| 4 根 | 同上 | 10.0 | 10.0 | 15<br>15 | 5.08<br>5.29 | 12.7<br>13.2 | 25.4<br>26.5 |
| 5 根 | 同上 | 12.5 | 12.5 | 20<br>20 | 4.18<br>4.35 | 10.5<br>10.9 | 20.9<br>21.8 |
| 6 根 | 同上 | 15.0 | 15.0 | 25<br>25 | 3.58<br>3.73 | 8.95<br>9.32 | 17.9<br>18.6 |
| 8 根 | 同上 | 20.0 | 20.0 | 35<br>35 | 2.81<br>2.93 | 7.03<br>7.32 | 14.1<br>14.6 |
| 10 根 | 同上 | 25.0 | 25.0 | 45<br>45 | 2.35<br>2.45 | 5.87<br>6.12 | 11.7<br>2.2 |
| 15 根 | 同上 | 37.5 | 37.5 | 70<br>70 | 1.75<br>1.85 | 4.36<br>4.56 | 8.73<br>9.11 |
| 20 根 | 同上 | 50.0 | 50.0 | 95<br>95 | 1.45<br>1.52 | 1.62<br>2.79 | 7.24<br>7.58 |

注：计算条件为：①单个接地极长度均为 2.5m；②各接地极必须焊接为一个金属整体；③敷设规则如表中所示。

例如：若垂直复合接地体由 5 根（每根长 2.5m）$\phi$50 钢管（共 12.5m）与 40×4 扁钢（共 20m）焊接而成。则其组成结构与敷设如图 4-5-15 所示。当土壤电阻率为 $\rho=100\Omega\cdot m$ 时，其接地电阻值为 4.18Ω；当土壤电阻率增大为 $\rho$=250Ω·m 时，其接地电阻值为 10.5Ω；若土壤电阻率为 $\rho$=200Ω·m，则其接地电阻值可利用所谓线性插值法最终确定。

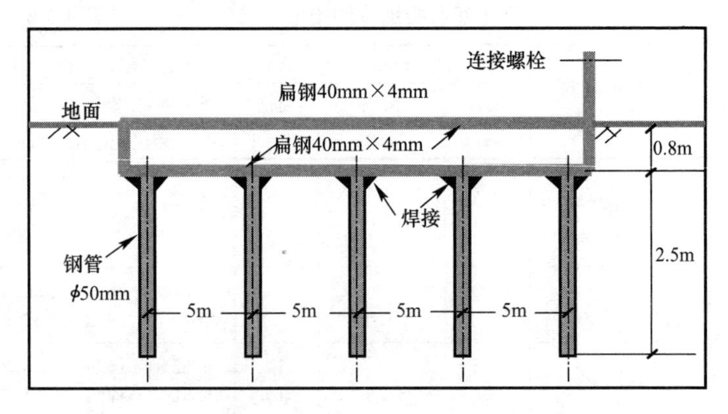


图 4-5-15　典型垂直复合接地体接地装置的结构与敷设示意图

□ 第三步——利用线性插值法，最终确定接地电阻设计值。

例如，在上面的例子中，当 $\rho$=200Ω·m 时，接地电阻 $R_d$ 折算如下：

$$R_d = [(R_2 - R_1)/(\rho_2 - \rho_1)](\rho - \rho_1) + R_1 \quad (4\text{-}5\text{-}19)$$

代入已知数据，得（参照图 4-5-16）：

$$R_d = [(10.5 - 4.18)/(250 - 100)] \times (200 - 100) + 4.18 = 8.4\Omega$$

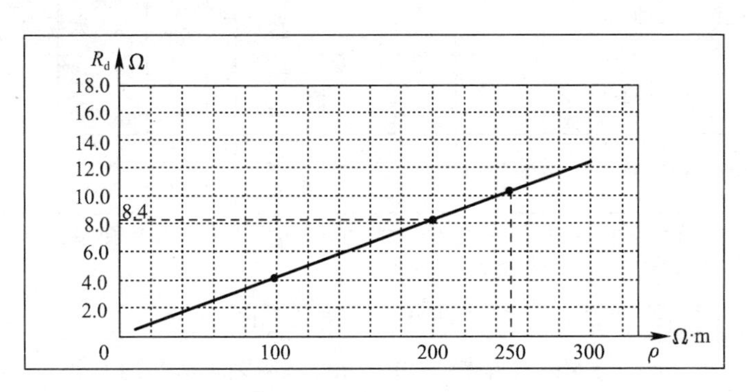


图 4-5-16　接地电阻的线性插值法图示

c. 人工接地装置的制作、敷设与测试矫正。

根据第三步最终确定的接地电阻设计值，在既定的接地点，按照设计绘制的接地装置结构与敷设图现场制作、敷设该接地装置。

该接地装置的接地电阻值是否达到设计规定的要求，尚应通过现场实地测试最终确定。接地电阻值的测定可使用接地摇表，测试合格后则设计通过，若测试不合格，即表明接地电阻值偏大，应在该接地装置的一侧按相同规则再补充打入、焊接相同规格接地极，然后再进行测试，直至合格为止。

接地摇表通常有两种结构形式。一种具有三个接线端钮（E、P、C），它适用于测量各种接地装置的接地电阻值和一般低阻导体的电阻值；另一种具有四个接线端钮（$C_1$、$P_1$、$C_2$、$P_2$），除可用于测量接地装置的接地电阻值和低阻导体电阻值外，还可用以测量土壤电阻率。

使用接地摇表（三个接线端纽和四个接线端纽两种）测量接地电阻值时的接线方法如图 4-5-17A 所示。

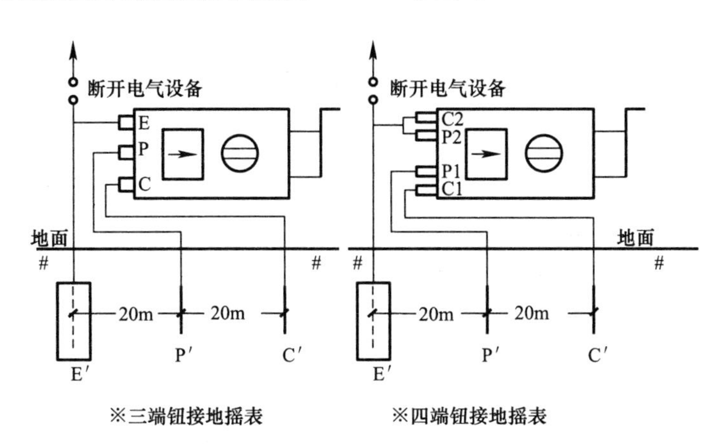


图 4-5-17A　使用接地摇表测量接地电阻值时的接线方法

在上述测量接地电阻的接线图 4-5-17A 中，E′为被测接地装置的接地极，C′为电流接地探针，P′为电位接地探针。其使用操作过程如下。

□ 测量前，应先将接地装置的接地引线与所有电气设备断开如图 4-5-17$A$ 所示。

□ 电位接地探针 P′一定要插在被测接地装置的接地极 E′和电流接地探针 C′之间，并在一条直线上。P′与 E′、C′的间距一般规定为 20m。

□ 测量时，注意操作方法：应先将仪表放在水平位置上，检查其检流计指针是否在中心线上（如不在中心线上，应调整到中心线上）；然后，将“倍率标度”放在最大倍数上；继续慢慢转动发电机摇把，同时旋转“测量标度盘”，使检流计指针平衡。当指针接近中心线时，加快发电机摇把的转速，达到 120 转/min，再调整测量标度盘，使指针指于中心线上。最后，用测量标度盘的读数乘以倍率标度的倍数，即得所测的接地电阻值。

使用接地摇表测量低阻值导体电阻值时的接线方法，如图 4-5-17$B$ 所示。

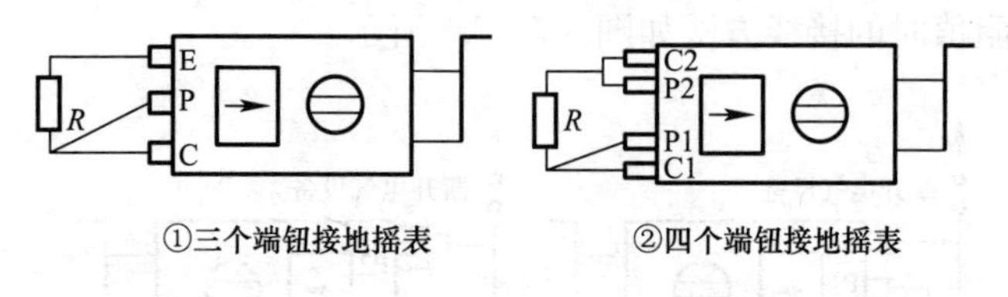


图 4-5-17$B$　测量导体电阻的接线

测量低阻值导体电阻值时，接地摇表的操作过程和方法与测量接地装置的接地电阻值时相同。

使用接地摇表测量土壤电阻率时的接线方法，如图 4-5-17$C$ 所示。

测量土壤电阻率时，接地摇表的操作过程和方法与测量接地装置的接地电阻值时相同。如图 4-5-17$C$ 所示，被测土壤的电阻率 $\rho$ 为：

$$\rho = 2\pi aR \tag{4-5-20}$$

式中　$\rho$——被测土壤的土壤电阻率（Ω·cm）；

$a$——测量探针间的距离（cm）；

$R$——接地摇表指示的接地电阻值（Ω）。

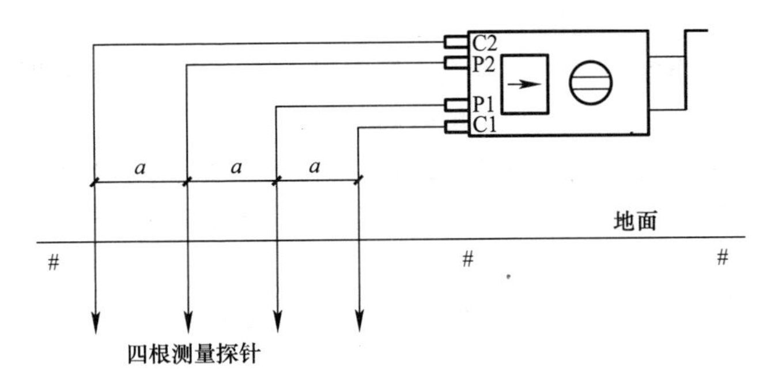


图 4-5-17C　测量土壤电阻率的接线

顺便指出，用接地摇表测量接地电阻的方法，不仅适用于人工接地装置，同样也适用于测量自然接地体。

### 4.5.4　绘制临时用电工程图纸

临时用电工程图纸主要包括：用电工程总平面图、配电装置布置图、配电系统接线图、接地装置设计图。

（1）用电工程总平面图

施工现场用电工程总平面图及其绘制模式已经在“4.2.2 用电工程总平面图和配电系统结构形式简图”中介绍过。如图 4-2-1A 和图 4-2-2A 所示，此处不再重复。

（2）配电装置布置图

设置配电室的施工现场应单独绘制配电室内配电装置布置图，配电装置布置图应包括平面布置图和立面布置图，图中应表达配电柜及其相关配电母线、接地设施等的布置，并应遵从如下 8 项布置规则。具体绘制时可参考图 4-5-18A、B、C、D 所示模式。

① 配电柜正面的操作通道宽度，单列布置或双列背对背布置时，不小于 1.5m；双列面对面布置时，不小于 2m。

② 配电柜后面的维护通道宽度，单列布置或双列面对面布

置时，不小于 0.8m；双列背对背布置时，不小于 1.5m；个别地点有建筑物结构突出的空地，则此点通道宽度可减少 0.2m。

③ 配电柜侧面的维护通道宽度不小于 1m。

④ 配电室内设值班室或检修室时，该室边缘距配电柜的水平距离大于 1m，并采取屏障隔离。

⑤ 配电室内的裸母线与地面通道的垂直距离不小于 2.5m，小于 2.5m 时应采用遮栏隔离，遮栏下面的通道高度不小于 1.9m。

⑥ 配电室围栏上端与其正上方带电部分的净距不小于 75mm。

⑦ 配电装置上端（含配电柜顶部与配电母线）距顶棚不小于 0.5m。

⑧ 配电室经常保持整洁，无杂物。

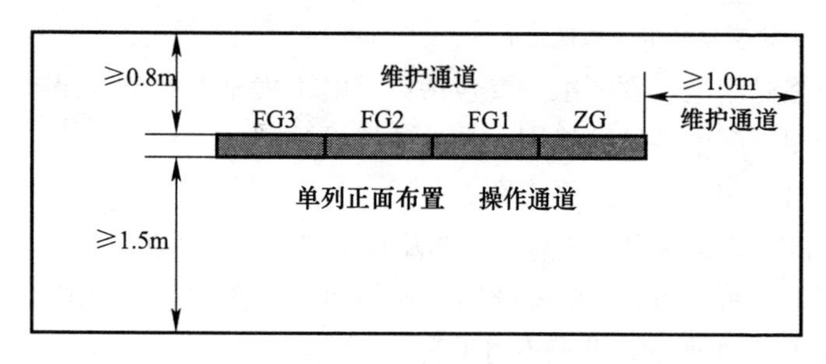


图 4-5-18*A*　配电柜单列平面布置示意图

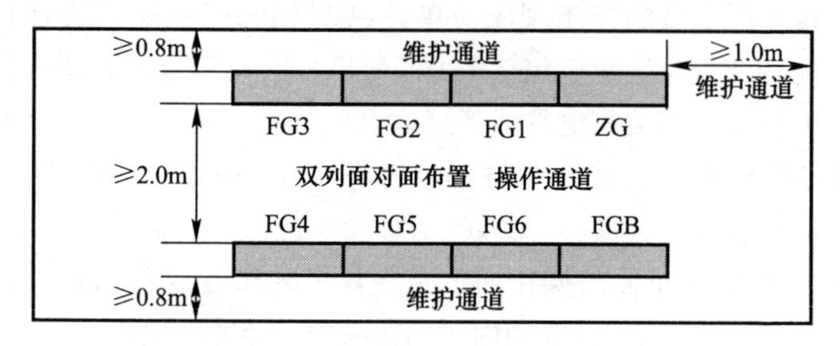


图 4-5-18*B*　配电柜双列面对面平面布置示意图

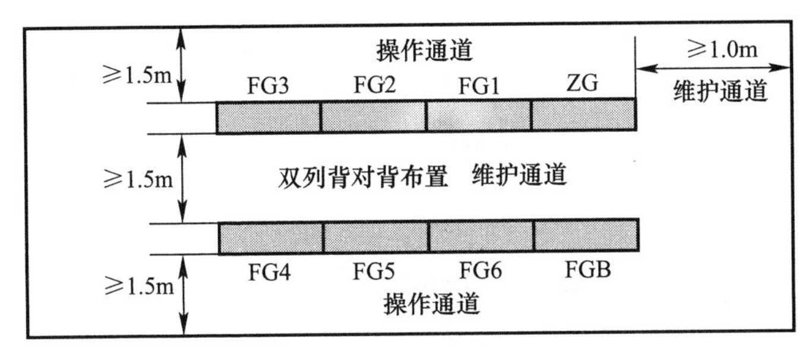


图 4-5-18*C* 配电柜双列背对背平面布置示意图

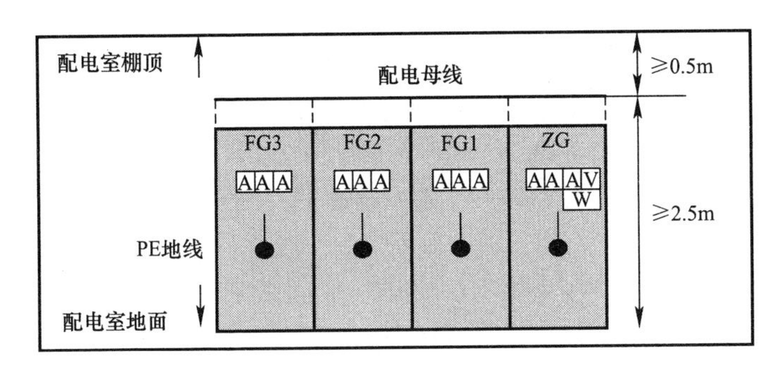


图 4-5-18*D* 配电柜立面布置示意图

（3）配电系统接线图

所谓配电系统接线图，是指配电系统中全部配电装置、配电线路、用电设备按照配电关系和连接关系统一绘制在一起的组合图。其中，电器型号、规格均应标注在图纸上，或另附电器型号与规格说明。以下以两个实例予以具体说明。

① 某施工现场一教学楼工程用电工程配电系统接线图（图 4-5-19*A*、*B*）

图 4-5-19*A* 所示某施工现场一教学楼工程用电工程配电系统的电器型号与规格另附说明如下（图 4-5-19*B* 中，电器型号与规格已标注在图上）：

□ ZG—总配电箱总隔离开关 HD11—400/3，外加防护透明罩。

ZL—总配电箱总漏电断路器 DZ20L—300（400），
50mA、0.2s，3P+N型。
Z1—总配电箱1分路断路器 DZ20Y—200T（200）。
Z2、Z3、Z4—总配电箱2、3、4分路断路器 DZ20Y—
100T（63、80、80）。
Z5—总配电箱5分路断路器 DZ20Y—100T（63）。
□ F1—1分配电箱总断路器 DZ20Y—200T（200）。
F2、F3、F4—2、3、4分配电箱总断路器 DZ20Y—100T
（63、80、80）。
F5—5分配电箱总断路器 DZ20Y—100T（63）。
F11—1分配电箱1分路断路器 DZ20Y—100T（100）/2300。
F12—1分配电箱2分路断路器 DZ20Y—100T（80）/2300。
F13—1分配电箱3分路断路器 DZ20Y—100T（63）/2300。
F14—1分配电箱4分路断路器 DZ20Y—100T（100）/2300。
F21—2分配电箱1分路断路器 DZ20Y—100T（63）/3300。
F22—2分配电箱2分路断路器 DZ20Y—100T（32）/3300。
F23—2分配电箱3分路断路器 DZ20Y—100T（32）/3300。
F31—3分配电箱1分路断路器 DZ20Y—100T（80）/3300。
F32—3分配电箱2分路断路器 DZ20Y—100T（63）/3300。
F33—3分配电箱3分路断路器 DZ20Y—100T（63）/3300。
F41—4分配电箱1分路断路器 DZ20Y—100T（80）/3300。
F42—4分配电箱2分路断路器 DZ20Y—100T（63）/3300。
F43—4分配电箱3分路断路器 DZ20Y—100T（63）/3300。
F44—4分配电箱4分路断路器 DZ20Y—100T（63）/3300。
F45—4分配电箱5分路断路器 DZ20Y—100T（40）/3300。
F51—5分配电箱1分路断路器 KDM1—40T（20），
220V，P+N。
F52—5分配电箱2分路断路器 KDM1—40T（20），
220V，P+N。
F53—5分配电箱3分路断路器 KDM1—40T（20），

220V，P+N。

□ K11—弧焊机 1 开关箱漏电断路器 KDM1L—100T（100），2P，30mA，0.1s。

K12—电焊机 1 开关箱漏电断路器 KDM1L—100T（80），2P，30mA，0.1s。

K13—电焊机 2 开关箱漏电断路器 KDM1L—100T（63），2P，30mA，0.1s。

K14—弧焊机 2 开关箱漏电断路器 KDM1L—100T（100），2P，30mA，0.1s。

K21—塔机 1 开关箱漏电断路器 KDM1L—100T（80），3P+N，30mA，0.1s。

K22—振捣器 1 开关箱漏电断路器 KDM1L—40T（20），3P，15mA，0.1s。

K23—振捣器 2 开关箱漏电断路器 KDM1L—40T（20），3P，15mA，0.1s。

K31—电焊机 3 开关箱漏电断路器 KDM1L—100T（80），2P，30mA，0.1s。

K32—搅拌机 1 开关箱漏电断路器 KDM1L—100T（63），3P，30mA，0.1s。

K33—搅拌机 2 开关箱漏电断路器 KDM1L—100T（63），3P，30mA，0.1s。

K41—塔机 2 开关箱漏电断路器 KDM1L—100T（80），3P+N，30mA，0.1s。

K42—钢筋机 1 开关箱漏电断路器 KDM1L—100T（63），3P，30mA，0.1s。

K43—钢筋机 2 开关箱漏电断路器 KDM1L—100T（63），3P，30mA，0.1s。

K44—钢筋机 3 开关箱漏电断路器 KDM1L—100T（63），3P，30mA，0.1s。

K45—电锯开关箱漏电断路器 KDM1L—40T（40），3P，

30mA，0.1s。

K51—室内照明开关箱漏电断路器 KDM1L—40T（20），1P+N，30mA，0.1s。

K52—外照明 1 开关箱漏电断路器 KDM1L—40T（20），1P+N，30mA，0.1s。

K53—外照明 2 开关箱漏电断路器 KDM1L—40T（20），1P+N，30mA，0.1s。

以上所选用的电器，除总配电箱中的总漏电断路器以外，包括电源进户（总配电箱中）的刀型隔离开关，以及各级断路器和漏电断路器在内，均具有透明罩结构，分断时均具有可见分断点。其中各电器额定值的确定依据如下。

□ 额定电压：依据配电线路额定电压等级，即 220/380V。

□ 额定电流：依据负荷计算结果，即 $I_n \geqslant I_j$。

□ 漏电保护器的额定漏电动作电流和额定漏电动作时间：依据【规范】对两级漏电保护的要求。其中，总配电箱中的漏电断路器的额定漏电动作电流和额定漏电动作时间，可依据实际用电情况在一定限制范围内调整，限制范围是漏电断路器的额定漏电动作电流和额定漏电动作时间之乘积不得大于 30mA·s。

如果总配电箱中的总漏电断路器 ZL 具有透明罩结构，分断时具有可见分断点，则可省略总刀型隔离开关 ZG。

如果总配电箱中各分路断路器，以及分配电箱中总路和各分路断路器均为普通形式断路器，不具有透明罩结构，分断时无可见分断点，则均必须在其各自电源侧加装具有防护罩的刀形隔离开关。

如果开关箱中的漏电断路器为普通形式漏电断路器，不具有透明罩结构，分断时无可见分断点，则也必须在其电源侧加装具有防护罩的刀形隔离开关。

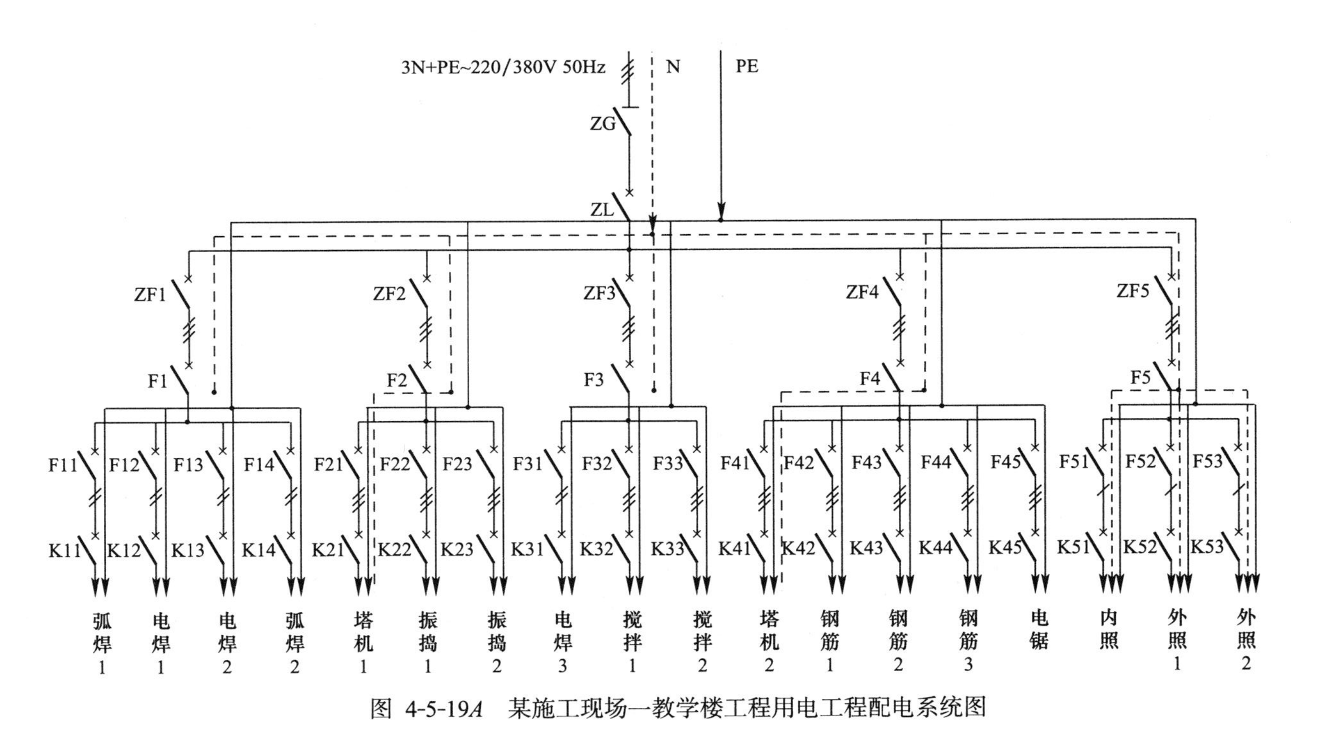


图 4-5-19A 某施工现场一教学楼工程用电工程配电系统图

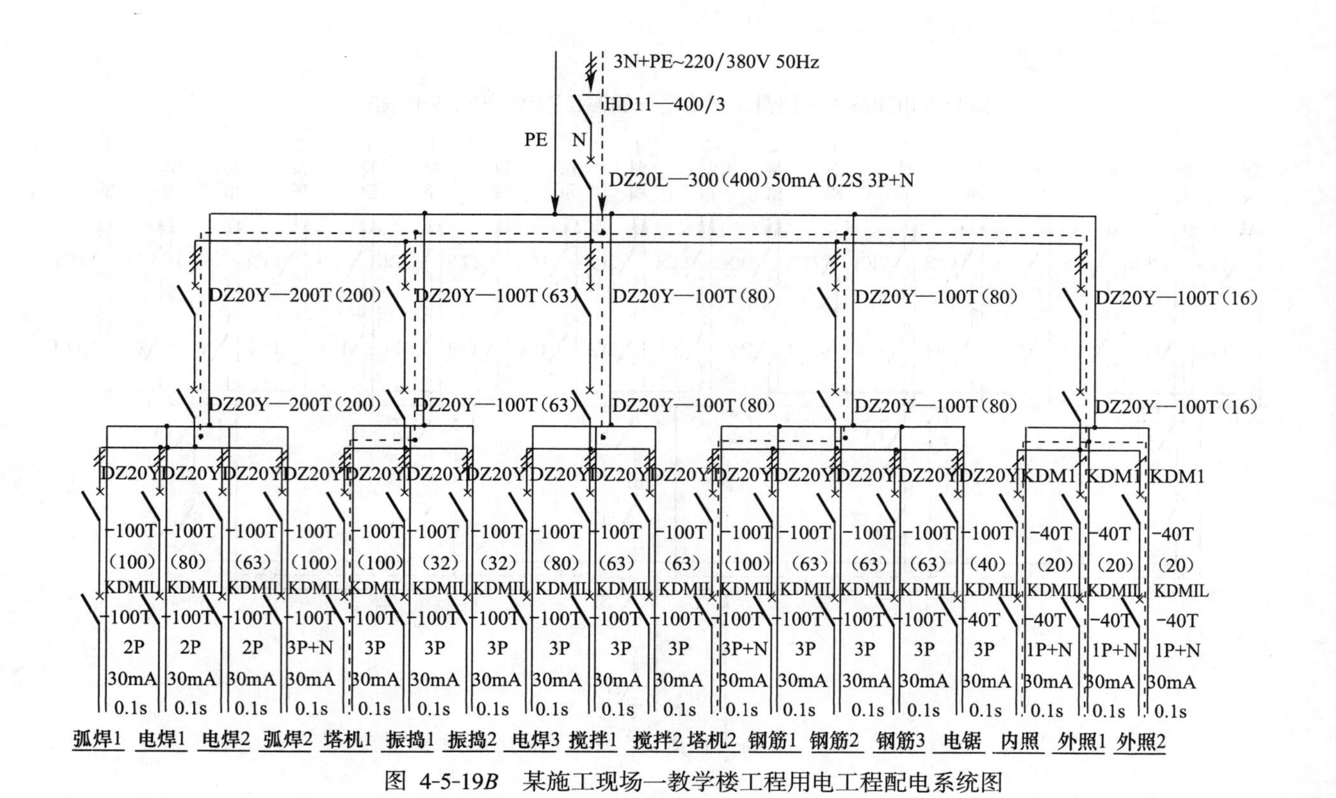


图 4-5-19*B* 某施工现场一教学楼工程用电工程配电系统图

② 某施工现场一大型框架工程用电工程配电系统接线图（图 4-5-20A、B）。图 4-5-20A、B 所示某施工现场一教学楼工程用电工程配电系统的电器型号与规格说明如下：

□ ZG—总配电箱总隔离开关 HD11—600/3，外加防护透明罩。

ZL—总配电箱总漏电断路器 DZ20L—300（400），100mA、0.2s，3P+N 型。

Z1—总配电箱 1 分路断路器 DZ20C—250T（200）。

Z2—总配电箱 2 分路断路器 DZ20C—250T（180）。

Z3—总配电箱 3 分路断路器 DZ20Y—100T（100）。

□ F1—1 分配电箱总断路器 DZ20C—250T（180）。

F2—2 分配电箱总断路器 DZ20Y—100T（50）。

F3—3 分配电箱总断路器 DZ20C—250T（125）。

F4—4 分配电箱总断路器 DZ20C—250T（160）。

F5—5 分配电箱总断路器 DZ20Y—100T（63）。

F11—1 分配电箱 1 分路断路器 DZ20Y—250T（160）/2300。

F12—1 分配电箱 2 分路断路器 DZ20Y—100T（80）/2300。

F21—2 分配电箱 1 分路断路器 DZ20Y—100T（32）/2300。

F22—2 分配电箱 2 分路断路器 DZ20Y—100T（32）/2300。

F23—2 分配电箱 3 分路断路器 DZ20Y—100T（32）/3300。

F31—3 分配电箱 1 分路断路器 DZ20Y—100T（80）/3300。

F32—3 分配电箱 2 分路断路器 DZ20Y—100T（32）/3300。

F33—3 分配电箱 3 分路断路器 DZ20Y—100T（32）/3300。

F34—3 分配电箱 4 分路断路器 DZ20Y—100T（63）/2300。

F35—3 分配电箱 5 分路断路器 DZ20Y—100T（63）/2300。

F41—4 分配电箱 1 分路断路器 DZ20Y—100T（100）/3300。

F42—4 分配电箱 2 分路断路器 DZ20Y—100T（63）/3300。

F43—4 分配电箱 3 分路断路器 DZ20Y—100T（63）/3300。

F51—5 分配电箱 1 分路断路器 DZ20Y—100T（20），220V，1P+N。

F52—5 分配电箱 2 分路断路器 DZ20Y—100T（20），220V，1P+N。

F53—5 分配电箱 3 分路断路器 KDM1—40T（10），220V，1P+N。

F54—5 分配电箱 4 分路断路器 KDM1—40T（10），220V，1P+N。

□ K11—塔机开关箱漏电断路器 KDM1L—100T（100），3P+N，30mA，0.1s。

K12—电梯开关箱漏电断路器 KDM1L—100T（80），3P+N，30mA，0.1s。

K21—电锯开关箱漏电断路器 KDM1L—100T（32），3P，30mA，0.1s。

K22—无齿锯开关箱漏电断路器 KDM1L—100T（32），3P，30mA，0.1s。

K23—剪断机开关箱漏电断路器 KDM1L—100T（32），3P，30mA，0.1s。

K31—卷扬机开关箱漏电断路器 KDM1L—100T（80），3P，15mA，0.1s。

K32—振捣 1 开关箱漏电断路器 KDM1L—40T（20），3P，15mA，0.1s。

K33—振捣 2 开关箱漏电断路器 KDM1L—40T（20），3P，15mA，0.1s。

K34—弧焊 1 开关箱漏电断路器 KDM1L—100T（63），3P，30mA，0.1s。

K35—弧焊 2 开关箱漏电断路器 KDM1L—100T（63），3P，30mA，0.1s。

K41—电梯开关箱漏电断路器 KDM1L—100T（80），3P+N，30mA，0.1s。

K42—搅拌 1 开关箱漏电断路器 KDM1L—100T（63），3P，30mA，0.1s。

K43—搅拌 2 开关箱漏电断路器 KDM1L—100T（63），3P，30mA，0.1s。

K51—内照明开关箱漏电断路器 KDM1L—40T（20），1P+N，30mA，0.1s。

K52—夜照 1 开关箱漏电断路器 KDM1L—40T（20），1P+N，30mA，0.1s。

K53—夜照 2 开关箱漏电断路器 KDM1L—40T（10），1P+N，30mA，0.1s。

K54—路灯开关箱漏电断路器 KDM1L—40T（10），1P+N，30mA，0.1s。

以上所选用的电器，除总配电箱中的总漏电断路器以外，包括电源进户（总配电箱中）的刀型隔离开关，以及各级断路器和漏电断路器在内，均具有透明罩结构，分断时均具有可见分断点。其中各电器额定值的确定依据如下。

□ 额定电压：依据配电线路额定电压等级，即 220/380V。

□ 额定电流：依据负荷计算结果，即 $I_{\mathrm{n}} \geqslant I_{j}$。

□ 漏电保护器的额定漏电动作电流和额定漏电动作时间：依据【规范】对两级漏电保护的要求。其中，总配电箱中的漏电断路器的额定漏电动作电流和额定漏电动作时间，可依据实际用电情况在一定限制范围内调整，限制范围是漏电断路器的额定漏电动作电流和额定漏电动作时间之乘积不得大于 30mA·s。

如果总配电箱中的总漏电断路器 ZL 具有透明罩结构，分断时具有可见分断点，则可省略总刀型隔离开关 ZG。

如果总配电箱中各分路断路器，以及分配电箱中总路和各分路断路器均为普通形式断路器，不具有透明罩结构，分断时无可见分断点，则均必须在其各自电源侧加装具有防护罩的刀形隔离开关。

如果开关箱中的漏电断路器为普通形式漏电断路器，不具有透明罩结构，分断时无可见分断点，则也必须在其电源侧加装具有防护罩的刀形隔离开关。

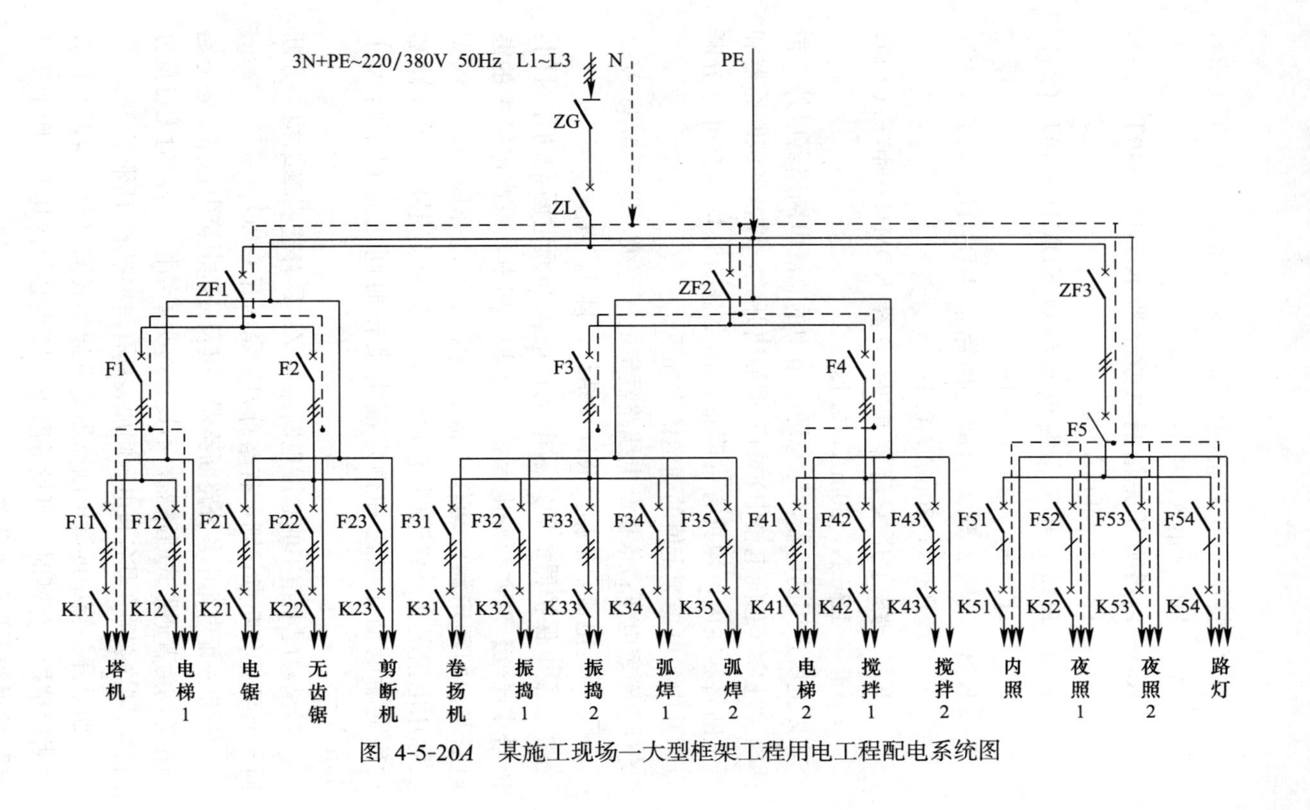


图 4-5-20*A* 某施工现场一大型框架工程用电工程配电系统图

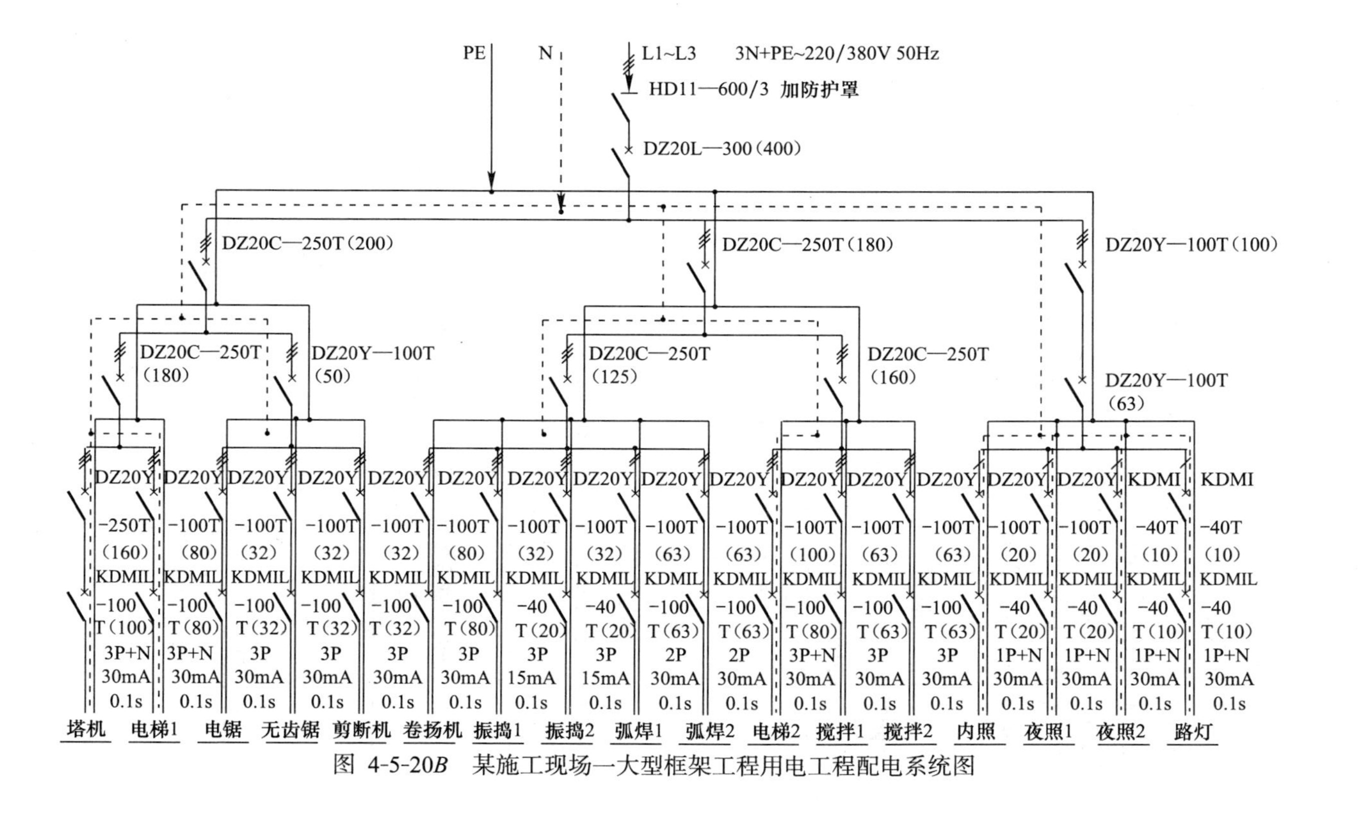

图 4-5-20*B* 某施工现场一大型框架工程用电工程配电系统图

应当特别指出，图 4-5-19*A*、*B* 和图 4-5-20*A*、*B* 所示的配电系统电器选配具有结构简单、操作与维护方便及使用安全可靠度高的优点，符合目前行业内推广新技术应用的要求，是今后施工现场临时用电工程应当优先选用的配电系统模式。当然，还要特别指出，在设计、构建临时用电工程的配电系统时，所选用的电器的型号、规格必须符合【规范】关于配电箱和开关箱电器配置与接线的要求，以及负荷计算的结果。当然，也必须是符合国家强制性标准 3C 认证的合格产品。

## 4.6 设计防雷装置

防雷装置设计的主要内容是：首先，确定需要设置防雷装置的部位，即防雷部位；其次，确定防雷装置的设置。

施工现场的防雷主要是防直击雷，当施工现场设置现场专用变电所时，除了要考虑设置防直击雷装置以外，还要考虑设置防感应雷装置。以下分别介绍其设置规则。

### 4.6.1 防雷部位的确定

1. 防直击雷的部位

当施工现场邻近建、构筑物等设施的防直击雷装置的保护范围不能覆盖整个施工现场时，依照【规范】的规定，施工现场需要按表 4-6-1 的要求设置防直击雷装置。

**施工现场内机械设备及高架设施需安装防雷装置的规定　表 4-6-1**

| 地区年平均雷暴日（d） | 机械设备高度（m） |
|---|---|
| ≤15 | ≥50 |
| ＞15，＜40 | ≥32 |
| ≥40，＜90 | ≥20 |
| ≥90 及雷害特别严重地区 | ≥12 |

注：表中的地区年平均雷暴日（d）可以查阅本书附录 C 或【规范】附录 A“全国年平均雷暴日数”表。

实际上，施工现场需要考虑防直击雷的部位主要是：塔式起重机、物料提升机、外用电梯等高大建筑机械设备，以及钢管脚手架、在建工程金属结构等高架金属设施。当施工现场内设置变电所时，该变电所也是需要考虑防直击雷的部位。

2. 防感应雷部位

当现场设置变电所时，防感应雷部位通常设置在变电所的进、出线处。当现场未设置变电所但设置配电室时，则其进、出线处亦应考虑有防感应雷措施。

4.6.2 防雷装置的设置

1. 防直击雷装置的设置

防直击雷装置由接闪器（避雷针、避雷线、避雷带等）、防雷引下线和防雷接地体组成。

防直击雷装置的接闪器（避雷针）应设置于高大建筑机械设备和高架金属设施的最顶端，可采用 $\phi20$ 及以上的钢筋、圆钢等。

防直击雷装置的防雷引下线可采用铜线、圆钢、扁钢、角钢、钢筋等。

防雷接地体与供配电系统接地体一样，也可以采用非燃气管道等电气连接贯通可靠的自然接地体，也可以单独敷设人工接地体。

接闪器（避雷针）、防雷引下线、防雷接地体之间必须可靠焊接。

单独设置的防雷接地体，其冲击接地电阻 $R_{Ch}$ 值不应大于 30Ω，即应当满足关系 $R_{Ch} \leqslant 30\Omega$；

当防雷接地与用电系统 PE 线重复接地共用同一接地体时，由于对同一接地体来说，其冲击接地电阻 $R_{Ch}$ 值小于其工频接地电阻 $R_G$ 值，所以该共同接地体的接地电阻值应符合 PE 线重复接地的工频接地电阻 $R_G$ 值不大于 10Ω 的要求，即应满足关系 $R_G \leqslant 10\Omega$，以保证同时满足 PE 线重复接地和防雷接地的综合要求。

对于塔式起重机，由于其臂架长，而且使用中有回转运动，故在任何情况下均应设置防直击雷装置，其塔顶和臂架远端可作为接闪器，不需另装避雷针；其机体可作为防雷引下线，但应保证电气连接；其防雷接地体可利用其基础钢筋混凝土结构体中的钢筋结构，但该钢筋结构应做等电位焊接，同时该钢筋结构接地体还应作为塔式起重机开关箱中 PE 线的重复接地体共用。所以，不仅塔式起重机的金属基座要与其基础钢筋混凝土结构体中的钢筋结构做电气连接（焊接）；而且，其开关箱中的 PE 线亦应与该钢筋结构有一个电气连接（焊接）点，如图 4-6-1 所示。此时，塔式起重机的基础钢筋混凝土结构体既作为塔式起重机的防雷接地体；又不可分割地同时作为其配电开关箱处 PE 线的一处重复接地。当然，这种综合接地体的接地电阻值必须满足其工频接地电阻 $R_G$ 值不大于 10Ω 的要求。否则，则必须在其邻近补充连接其他自然接地体或补充敷设人工接地体。

轨道式塔式起重机的防雷接地点和轨道等电位连接，应按【规范】的规定设置，并作具体说明。

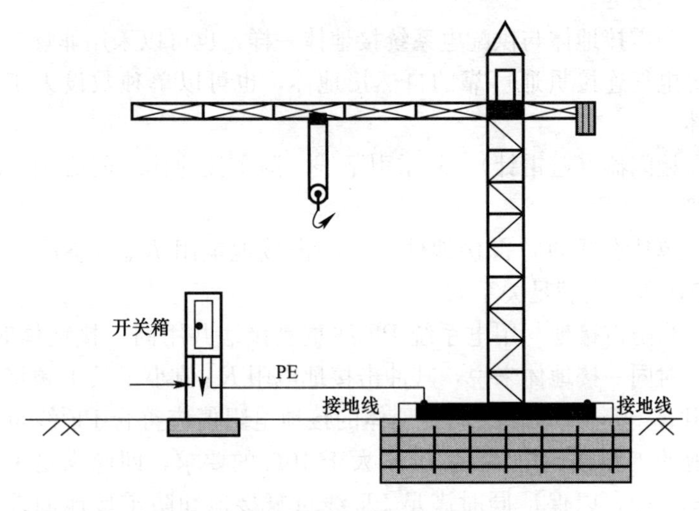


图 4-6-1　塔式起重机防雷接地装置的设置

2. 感应雷的防护措施

防感应雷装置通常由避雷器和接地装置组成。

(1) 当施工现场设置有低压配电室，但不设置临时专用变电所时，如果配电线路为架空线路，则应在配电室外将其架空进、出线处绝缘子铁脚与配电室接地装置相连接，作防雷接地，以防雷电波侵入，亦兼有防直击雷作用。如果配电线路为埋地电缆且线路较短，为防雷电波从其与架空线的连接处侵入，在电缆两端来回反射叠加成过电压波，并进入配电室，需在电缆两端装设阀型避雷器。

(2) 当施工现场设置有专用临时变电所时，其变电所的三相进线和三相出线处应各装设一组阀型避雷器，如图 4-6-2 所示。

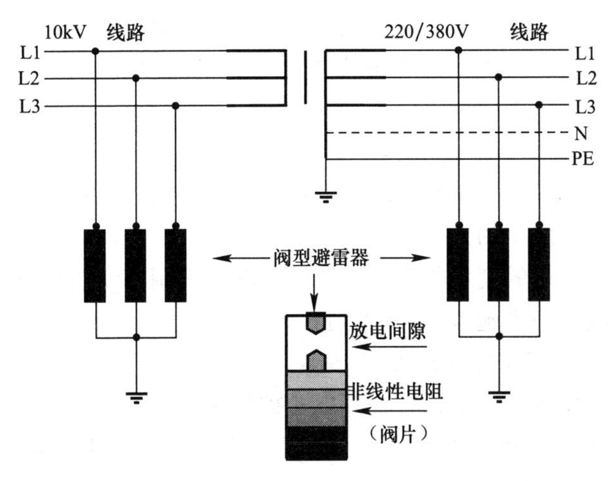


图 4-6-2 变电所雷电侵入波保护原理接线示意图

(3) 阀型避雷器的选择应符合以下原则，即：

1) 避雷器的额定电压等级应与被保护线路的额定电压等级保持一致，并且不得低于安装地点可能出现的最大对地工频电压。

2) 避雷器的工频放电电压和冲击放电电压上限值应低于电网（包括直接连接于电网上的相关电气设备）相应的（工频的或冲击的）绝缘水平。

3. 防雷保护范围

防雷保护范围是指接闪器对直击雷的保护范围。按照现行国家标准《建筑物防雷设计规范》GB 50057—2010，接闪器防直击雷的保护范围按“滚球法”确定。

按照“滚球法”确定避雷针和避雷线（作为接闪器）防雷保护范围的方法，可参阅【规范】附录B滚球法。

防雷装置设计完成后，要形成一个包括防雷部位确定及其相关防雷装置具体设置方式方法的设计说明书。

## 4.7 确定防护措施

施工现场有关电气安全的危险环境因素主要有外电线路、易燃易爆物、腐蚀介质、机械损伤，以及强电磁辐射的电磁感应和有害静电等。对于不同现场具体存在的危险环境因素，均应有相应的防护措施。

### 4.7.1 外电防护措施

外电防护主要是防止现场作业人员意外触碰现场以外的外界电力线路而发生的人体直接接触触电事故，施工现场要根据现场勘测结果确认的现场外界电力线路状况，编制“专项外电防护方案或外电防护措施”，其基本内容如下：

1. 保证安全操作距离

施工现场如果确认存在外电防护问题，则其首要的防护措施就是保证安全操作距离。为了保证安全操作距离，就必须遵守【规范】的下述规定。

（1）在建工程不得在外电架空线路正下方施工、搭设作业棚、建造生活设施或堆放构件、架具、材料及其他杂物等。

（2）在建工程（含脚手架）的周边与外电架空线路的边线之间的最小安全操作距离不应小于表4-7-1所列数值。

**在建工程与外电架空线路边线之间的安全操作距离　　表4-7-1**

| 外电线路电压等级（kV） | <1 | 1～10 | 35～110 | 220 | 330～500 |
|---|---|---|---|---|---|
| 最小安全操作距离（m） | 4 | 6 | 8 | 10 | 15 |

注：上、下脚手架的斜道不宜设在有外电线路的一侧。

（3）施工现场的机动车道与外电架空线路交叉时，架空线路的最低点与路面的垂直距离不应小于表 4-7-2 所列数值。

**施工现场的机动车道与架空线路交叉时的最小垂直距离　表 4-7-2**

| 外电线路电压等级（kV） | <1 | 1～10 | 35 |
|---|---|---|---|
| 最小垂直距离（m） | 6.0 | 7.0 | 7.0 |

（4）起重机严禁越过无防护设施的外电架空线路作业。在外电架空线路附近吊装时，起重机的任何部位或被吊物边缘在最大偏斜时与架空线路的最小距离不得小于表 4-7-3 所列数值。

**起重机与外电架空线路间的最小安全距离　表 4-7-3**

| 安全距离（m）＼电压（kV） | <1 | 10 | 35 | 110 | 220 | 330 | 500 |
|---|---|---|---|---|---|---|---|
| 沿垂直方向 | 1.5 | 3.0 | 4.0 | 5.0 | 6.0 | 7.0 | 8.5 |
| 沿水平方向 | 1.5 | 2.0 | 3.5 | 4.0 | 6.0 | 7.0 | 8.5 |

（5）施工现场开挖沟槽边缘与外电埋地电缆沟槽边缘之间的距离不得小于 0.5m。

（6）施工现场在外电架空线路附近开挖沟槽时，必须会同有关部门采取加固措施，防止外电架空线路电杆倾斜、悬倒。

2. 架设安全防护设施

当施工现场与外电线路之间不能保证安全操作距离时，则必须在施工现场与外电线路之间架设安全防护设施。实施强制性绝缘隔离防护，为此应事先编制架设方案，并经有关部门批准。防护设施架设方案主要应包括以下内容。

（1）规定防护设施的材料：按照【规范】的规定，架设外电防护设施宜采用木、竹或其他绝缘材料，不宜采用金属材料，以防止因电场感应使防护设施带电。

（2）确定防护设施的结构：防护设施结构的形态通常有屏障、遮栏、围栏、保护网等，具体确定防护设施的结构时，应根据现场勘测资料确定其结构形式，绘制相关设计图纸。所确定和设计的防护设施必须达到坚固、稳定和严密的规范化标准，应能承受施工过程中人体、工具、器材、落物的意外撞击和风雨、机械振动等不良环境因素的冲击，而保持其有效防护功能，即不歪斜、不扭曲、不松动，特别要保证不悬倒、不塌落；应能防止固体异物穿越，防护等级应达到 IP30 级。所谓 IP30 级的规定，是指防护设施的缝隙，能防止 $\phi$2.5mm 固体异物穿越。

在确定防护设施结构时，必须保证防护设施与外电线路之间保持一定的安全距离。按照【规范】的规定，该安全距离不应小于表 4-7-4 所列数值（表中，外电线路电压等级≤10kV 的规定适用于 220/380V 线路）。

**防护设施与外电架空线路间的安全距离　　表 4-7-4**

| 外电线路电压等级（kV） | ≤10 | 35 | 110 | 220 | 330 | 500 |
|---|---|---|---|---|---|---|
| 最小安全距离（m） | 1.7 | 2.0 | 2.5 | 4.0 | 5.0 | 6.0 |

注：考虑到防护设施架设安全，表中数值大于通常的安全距离数值。

防护设施还要在醒目位置设置警告标志牌。

（3）防护设施架设的实施：防护设施架设的实施必须有严格的人员组成和严密的组织结构。即要明确确定专业架设人员、指挥人员、监护人员，以及具体的架设方法、架设流程和安全保护措施。

3. 无任何防护措施时不得强行施工

对外电线路无法架设防护设施的施工现场，如欲继续施工作业，唯一可行的办法就是与有关部门协商，使外电线路暂时停电或迁移，或改变在建工程的位置；否则，严禁强行施工。

以上三项外电防护措施亦即外电防护专项方案的主要内容。

4.7.2　易燃易爆物防护措施

施工现场对易燃易爆物的防护，主要是防止因用电系统在运行程中或发生故障时产生的高热、电火花或电弧点燃易燃易爆物，从而引发电气火灾。编制易燃易爆物防护措施，就是为了消除现场潜在的与易燃易爆物相关的电气火灾隐患，杜绝相关电气火灾事故的发生。因此，针对易燃易爆物的防护措施应体现如下两个基本点，即：

（1）电气设备现场周围应无易燃易爆物，或随时对其进行清除。

（2）电气设备对其周围易燃易爆物应采取有效阻断、阻燃隔离。

4.7.3 腐蚀介质防护措施

施工现场对腐蚀介质的防护，主要是防止用电系统线路和设备因受酸、碱、盐等腐蚀介质腐蚀或受其他污源污染导致绝缘损坏、漏电，从而引发人身触电和电气火灾事故的发生。因此，针对腐蚀介质的防护措施与针对易燃易爆物的防护措施相似，亦应体现相似的两个基本点，即：

（1）电气设备现场周围应无污源和腐蚀介质，或随时对其进行清除。

（2）电气设备对其周围酸、碱、盐等腐蚀介质、污染源以及特殊地域性酸雨、盐雾等应采取阻断、隔离。

4.7.4 机械损伤防护措施

电气设备（包括线路）的机械损伤防护主要是防止因机械损伤引发触电和电气火灾。因此，施工现场必须结合施工工艺过程和实际用电情况，对有关电气设备和配电线路制定有针对性的防护措施，其基本点应体现在如下几个方面，即：

（1）电气设备的设置位置应能避免各种施工落物的打击，或设置防护棚保护。

（2）用电设备负荷线不应拖地放置。

（3）电焊机二次线应避免在钢筋网面上拖拉和踩踏。

（4）穿越道路的线路或者架空，或者穿管埋地保护，严禁明铺地面。

（5）加工废料和施工材料堆场不要接触电气设备和线路。

4.7.5 电磁感应防护措施

为了防止强电磁波辐射在塔式起重机吊钩或吊绳上产生高频

对地电压的危害，在受强电磁波危害的施工现场，可对塔式起重机采取如下综合防护措施：

(1) 地面操作者穿绝缘胶鞋，戴绝缘胶皮手套。

(2) 吊钩用绝缘胶皮包裹或吊钩与吊绳间用绝缘材料隔离。

(3) 挂装吊物时，将吊钩挂接临时接地线。

#### 4.7.6 静电防护措施

为了消除静电对人体的危害，队产生静电的设备可采取接地泄漏措施，接地电阻值一般≤100Ω；高土壤电阻率地区，接地电阻值一般≤1000Ω。

## 4.8 制定安全用电措施和电气防火措施

为了保证施工现场在用电过程中能够有效地体现安全用电规则，充分发挥用电系统自身安全保护和安全防护作用，规范用电人员的安全用电行为，提高现场安全用电水平，在编制施工现场临时用电组织设计时，除了要完成以上与构建临时用电工程密切相关的具体编制内容以外，还要对按设计构建的临时用电工程制定使用规则，亦即要制定具体的安全用电措施和电气防火措施。

制定安全用电措施和电气防火措施必须充分体现两个基本点：其一遵从【规范】的规定；其二符合施工现场实际。而且两者要以规范为先，做到统一、不得抵触。以下分别对安全用电措施和电气防火措施所涉及的内容做些通用性简介。

#### 4.8.1 安全用电措施要点

制定安全用电措施应从技术措施和组织措施两个方面考虑。

1. 安全用电技术措施要点

(1) 所有进现场的变、配电装置，配电线、缆，用电设备，必须预先经过检验、测试，合格后方可使用。不得采用残缺、破损等不合格产品。

(2) 用电系统中的三级配电系统，TN—S接零保护系统，短路、过载、漏电保护系统必须按【规范】规定始终保持完好，不得随意变动。

(3) 配电装置必须装设端正、牢固，不得拖地放置；周围不得有杂物、杂草。

（4）配电装置的进线端必须作固定连接，不得用插座、插头作活动连接；进、出线上严禁搭、挂、压其他物体。

（5）移动式配电装置迁移位置时，必须先将其前一级电源隔离开关分闸断电，严禁带电搬运。

（6）配电线路不得明设于地面，严禁行人踩踏和车辆辗压，严禁拖地浸水和埋压；线缆接头必须连接牢固，并作防水绝缘包扎，严禁裸露带电线头；严禁徒手触摸带电线路和在钢筋、地面上拖拉带电线路。

（7）用电设备严禁溅水和浸水，已经溅水或浸水的用电设备必须停电处理，未断电时严禁徒手触摸和打捞。

（8）用电设备移位时，必须首先将其电源隔离开关分闸断电，严禁带电搬运；搬运时，严禁拖拉其负荷线。

（9）照明灯具的形式和电源电压必须符合【规范】关于使用场所环境条件的要求，严禁将220V碘钨灯作行灯使用。

（10）停电作业必须采取以下措施：

1）需要停电作业的设备或线路必须在其前一级配电装置中将相应电源隔离，开关分停、送电指令必须由同一人下达；

2）送电前，必须先行拆除加挂的接地线；

3）停、送电操作必须由两人进行，一人操作、一人监护，并应穿戴绝缘防护用品。

4）使用电工绝缘工具。

2. 安全用电组织措施要点

（1）建立完善的用电组织设计和安全用电技术措施的编制、审查、批准制度及相应的档案管理制度，奠定科学管理基础。

（2）建立技术交底制度，通过技术交底提高电工和各类人员安全用电意识和技术水平。

技术交底工作进行时，要认真做完整交底工作记录，记录的主要内容应是：交底时间，交底地点，交底人姓名、职务，被交底人姓名、职务，交底内容要点，交底结果等。技术交底表可参考表 4-8-1 制作。

**施工现场临时用电技术交底记录表　　表 4-8-1**

| 工程项目名称 | |
|---|---|
| 交底人（签字） | |
| 交底地点 | |
| 交底时间 | 年　　月　　日 |
| 被交底人（签字） | |
| 交底内容摘要 | |

注：项目名称：×××工程施工现场临时用电工程。

技术交底工作宜通过设计记录表格记录交底过程和结果。技术交底资料应于技术交底后及时归档。

(3) 建立并严格执行定期安全检测制度。主要检测项目应是：

1) 接地装置的接地电阻值；

2) 电气设备的绝缘电阻；

3) 漏电保护器额定漏电动作参数值。

各项定期安全检测工作，均应记录存档。记录内容应包括：

检测时间，检测地点，检测设备，检测项目，检测仪器，监测人，检测结果等。

对于各项定期安全检测工作，可以设计检测表，以方便监测记录。定期安全检测记录，应及时完整归档。

（4）建立电工巡检、维修、拆除制度。

对巡检、维修、拆除工作要记录，记录内容应包括：工作内容、工作时间、工作地点、工作结果、相关人员（工作人员及验收人员或认可人员）等，并应定期存入档案。

（5）建立安全教育培训制度。

教育培训工作要做完整记录。记录内容应包括：教育培训时间，教育培训地点，教育培训相关人员，教育培训内容，教育培训效果等。通过教育培训，提高各类相关人员安全用电基础素质。

教育培训工作记录要于工作结束后及时归档。

（6）建立安全检查评估制度。

通过定期检查发现和处理隐患，对安全用电状况做出量化科学评估。并建立相应的文字记录，及时归档。对于存在的问题要及时交付有关部门和人员，并督促其及时处置。

（7）建立安全用电责任制。对用电工程各部位的操作、监护、检查、维修、迁移、拆除等分层次落实到人，并辅以必要的奖惩。

（8）建立安全用电管理责任制。将安全用电管理纳入各级相关领导和管理者的职责中，以全面提高安全用电的科学管理水平。

### 4.8.2 电气防火措施要点

编制电气防火措施也应从技术措施和组织措施两个方面考虑。

1. 电气防火技术措施要点

（1）合理配置用电系统的短路、过载、漏电保护电器。

（2）确保PE线连接点的电气连接可靠。

（3）在电气设备和线路周围不堆放并清除易燃易爆物和腐蚀介质或作阻燃隔离防护。

（4）不在电气设备周围使用火源，特别在变压器、发电机等场所严禁烟火。

（5）在电气设备相对集中场所，如变电所、配电室、发电机室等场所配置可扑灭电气火灾的灭火器材。

（6）按【规范】规定设置防雷装置。

2. 电气防火组织措施要点

（1）建立易燃易爆物和腐蚀介质管理制度。

（2）建立电气防火责任制。

确定分级、分区电气防火责任人，明确分级、分区电气防火职责。

（3）加强电气防火重点场所烟火管制，设置禁止烟火标志。

（4）建立电气防火教育制度。

定期进行电气防火知识宣传教育，提高各类人员电气防火意识和电气防火知识水平，教育各类人员学会和掌握扑灭电气火灾的组织和方法。

电气防火教育要有文字记录，并及时归档。

（5）建立电气防火检查制度。

电气防火检查发现的问题要及时交办处理，不得拖延、推诿，不得遗留任何隐患。

电气防火检查要有文字记录，并及时归档。

（6）建立电气火警预报制。

对可能引发电起火灾场所和情况，要及时通报有关人员知悉，并记录存档。

（7）建立电气防火领导体系及电气防火队伍。

电气防火领导体系及电气防火队伍的组成人员要具体明确，以文字的形式公示并存档。

（8）电气防火措施可与一般防火措施一并编制。

# 5 用电组织设计的计算机辅助编制方法

为了适应现代信息技术的发展，以及信息化技术应用的普遍要求，本章在综合用电组织设计编制要求的基础上，介绍一种可用于施工现场用电组织设计规范化编制的计算机辅助软件，该软件与【规范】规定和本书前述内容配套一致。

## 5.1 用电组织设计信息化概述

如上所述，编制一个完整的施工现场临时用电组织设计，需要完成8项相关的设计任务和内容，其基本要求归纳如下。

### 5.1.1 编制“现场勘测记录说明书”

现场勘测记录说明书中主要应包括：施工现场的地域位置，地形、地貌，地下隐蔽工程设施分布、土质结构，以及周边环境设施状况等。本项编制任务和内容的基本要求是要通过现场勘测形成一份可用作现场临时用电工程结构布局设计的原始资料，资料形式以文字为主、插图为辅。

### 5.1.2 编制“用电工程现场设置说明书”及绘制“用电工程总平面图和配电系统结构形式简图”

其中，说明书部分和图纸部分可以结合在一起，统一在现场平面图上用图例和文字具体标注和说明电源进线位置，变电所位置，配电室或总配电箱、分配电箱和开关箱的位置，主要用电设备的位置，以及配电线路的形式和走向；统一用方框图形式标注和说明配电系统的基本组成和配电连接关系。两种图形在标注和说明上要保持一致。

### 5.1.3 编制“负荷计算”说明书

负荷计算说明书中应包括以下内容：

（1）各单台用电设备容量的计算式、计算过程和计算结果；

（2）各开关箱以下单台用电设备计算负荷（计算电流）的计算式、计算过程和计算结果；

（3）各分配电箱以下用电设备组的计算负荷。包括各用电设备组的有功计算负荷、无功计算负荷、视在计算负荷、计算电流的计算式、计算过程和计算结果，以及计算过程中各用电设备组需要系数和平均功率因数的选定；

（4）总配电箱以下各用电设备组或整个施工现场全部用电设备的总计算负荷。包括现场总有功计算负荷、无功计算负荷、视在计算负荷、计算电流的计算式、计算过程和计算结果。

总计算负荷的计算方法有两种：其一是在计算过程中根据经验选定恰当的同期系数，根据已经计算获得的各用电设备组的计算负荷进行计算；其二是将现场全部用电设备视为一个用电设备组，根据经验确定总需要系数和总平均功率因数值，然后依据已经计算获得的各单台用电设备的设备容量进行计算。

5.1.4 编制“选择供电变压器或确定供电容量说明书”

选择供电变压器的任务和内容，仅当现场设置专用电力变压器时才存在，此时变压器的选择主要是在现场总计算负荷的基础上，按通常规则考虑变压器的运行损耗和效率及经济运行要求，确定变压器的容量；

当施工现场电源取自外电线路，而未设置专用电力变压器时，此时现场总供电容量应依据现场在施工全过程中用电情况，在现场总计算负荷的基础上，适当增加裕量确定。

5.1.5 编制“配电系统设计说明书”及绘制“用电工程相关图纸”

（1）配电系统设计说明书部分包括以下内容：

1）依据负荷计算结果，初选各级配电线路中电缆或绝缘导线的型号、规格（芯线、截面等）。并根据电压偏移、机械强度、环境温度等条件进行校验与调整。

2）依据负荷计算结果，选择和确定从配电室或总配电箱到分配电箱、开关箱各级配电装置中的电器配置种类、数量、型号、规格等。

3）确定接地装置设置位置、自然接地体的选用、处置和人工接地装置的选材、估算、制作与敷设方式方法等。

（2）用电工程相关图纸包括：用电工程总平面图、配电装置布置图、配电系统接线图、接地装置设计图共4种图纸，其中：

1）用电工程总平面图已包含在5.1.2编制内容中，此处无需重复。

2）配电装置布置图包括配电室内配电柜的平面和立面布置图，总配电箱、分配电箱和开关箱内的电器配置与接线图。

3）配电系统接线图可在5.1.2编制内容中“配电系统结构形式简图”基础上，将施工现场全部各级配电装置的电器配置与接线图相互连接一起构成。

4）接地装置设计图主要指人工接地装置的设计图，图中应包括接地装置的材料、结构形式、制作与敷设规则等。

5.1.6 编制防雷装置设计说明书

防雷装置设计说明书主要应包括：具体确定防直击雷的部位，防直击雷装置中接闪器、防雷引下线、自然防雷接地装置的选定，人工防雷接地装置的制作与敷设等。当施工现场设置有专用电力变压器时，还应按相关标准、规范的规定设置避雷器等防感应雷装置。

5.1.7 编制防护措施

当施工现场内外存在外界电力线路、易燃易爆物、腐蚀介质、机械损伤、强电磁感应，以及静电等危险环境因素时，应以说明书形式编制有针对性的防护措施。其中，对于外电防护应单独编制专项“外电防护方案”。外电防护方案应以文图结合的形式具体说明防护设施用材，结构形式，架设方式、方法、组织等。

5.1.8 编制安全用电措施和电气防火措施说明书

安全用电措施和电气防火措施应兼顾技术与管理两个层面；兼顾施工现场各级各类人员；还应兼顾现场用电实际状况，包括施工工艺过程、施工设备技术水平和状态、施工人员素质等。所编制的各项措施必须严谨、全面、实际、可靠、可行，并以文字说明书的形式公示。

综上所述，一个完整的施工现场用电组织设计包含诸多方面的大量文、图信息。对于这样一个用电组织设计，如果完全采用人力手工编制，不仅要求编制者要有较高的电气专业技术素养，而且巨大、繁复的工作量使得编制过程耗时长、费力多、效率低下，已经难以适应建设行业快速发展，以及建设行业安全管理信息化技术应用的要求，特别是难以在广泛的意义上普遍推行施工现场临时用电组织设计和施工现场临时用电工程规范化，因而难以确保施工现场用电系统安全可靠、方便适用。

将计算机软件技术应用于施工现场临时用电组织设计的编制中已经或即将成为普遍趋势。当然，其应用的出发点不仅仅是追求所谓的“信息化”，而主要是更好地、完全地、正确地确保遵循现行《施工现场临时用电安全技术规范》的各项规定，以及更好地遵循其他相关现行国家标准、规范的规定。

将计算机软件技术引入施工现场临时用电组织设计的编制中，将使得由传统人力手工编织的任务由计算机在大大缩短的时间内自动辅助完成，从而大大促进了施工现场用电组织设计编制的信息化水平，同时也将大大促进施工现场用电安全管理的信息化水平。

## 5.2 用电组织设计信息化解决方案

借助于计算机应用软件技术辅助编制施工现场临时用电组织设计，符合建设行业信息化技术创新的要求。但是这种应用软件技术的开发时，首先必须确立一个完整、合理、适用的信息化解决方案；或者说，施工现场用电组织设计辅助软件开发的基本思想和出发点，必须使所开发的辅助软件具有完整性、合理性、适用性。

所谓完整性，具体地说就是所开发的辅助软件可用于辅助编制【规范】规定的，或如本书所阐明的全部8项临时用电组织设计内容，包括形成由各项设计说明书组成的全部文字资料，以及绘制全部相关图纸，并自动生成一个完整的“施工现场临时用电组织设计”文件资料。

所谓合理性，具体地说就是应用所开发的辅助软件编制的各项设计内容均应符合通用电气理论和电气技术规则，特别是计算公式正确，计算结果准确、绘制图纸规范，文字阐述专业；符合【规范】规定的所有相关用电安全技术规则，特别是要在所设计的临时用电工程中，按【规范】规定正确体现采用三级配电系统，采用TN—S接零保护系统，采用二级漏电保护系统。同时，还要充分体现新技术、新产品的应用。

所谓适用性，具体地说就是应用所开发的辅助软件编制的各项设计内容均应符合施工现场实际，可用于指导构建符合施工现场施工工艺要求，并且安全可靠、方便实用的规范化临时用电工程。

基于上述思想，并考虑到操作使用简单、方便，本章以下介绍一种新近研制、开发的“施工现场临时用电组织设计计算机辅助软件”（以下简称【设计软件】)。该【设计软件】有以下特点：

（1）【设计软件】本身与本书阐述的施工现场用电组织设计依据、内容方法、要求一致，完全可以与本书有机联系，配套使用，并且能够保证所编制的用电组织设计完整、准确、规范。同时有助于普遍提升施工现场用电组织设计的编制水平和施工现场用电安全管理的信息化水平。

（2）【设计软件】功能齐全，集文字、列表、计算、比较、绘图、修改、调整功能于一体，大幅度减少设计编制工作量，大幅度提高工作效率。

（3）【设计软件】软件界面设计友好，操作简单、易用性好。配合文字说明与视频帮助，软件使用者可以在很短的时间内，学会软件的操作流程。

（4）【设计软件】可直接在 WORD 中自动生成一个完整的“用电组织设计”，包括封面、目录、各级标题、正文。其中，正文包括全部 8 项设计任务、内容所要求的设计说明书，及其相关图纸。软件使用者可以方便地利用 WORD 丰富的编辑功能，对“用电组织设计”进行排版编辑，根据自己施工现场的实际情况，对“用电组织设计”进行修改、调整。

## 5.3 用电组织设计计算机辅助软件功能说明

### 5.3.1 《设计软件》的基本功能

本【设计软件】充分采取用户与计算机交互技术，可帮助用户设计者准确、迅速地完成用电组织设计的编制工作。

本【设计软件】使用开始，用户设计者通过界面交互操作，建立新工程。相继填写需要录入的施工现场临时用电工程配电系统的电源进线、配电室或总配电箱（柜）、分配电箱、开关箱，以及相关各种用电设备位置及线路走向等基本原始资料信息；随后软件根据预先设定的处理程序及用户设计者提供的基本原始资料信息自动进行负荷计算、确定现场用电系统总容量或选择供电变压器、设计配电系统，包括设计配电线路及选择导线或电缆、设计配电装置及选择电器、设计接地装置、绘制临时用电工程的用电工程总平面图、配电装置布置图、配电系统图、接地装置设计图、设计防雷装置、确定防护措施、制定安全用电措施和电气防火措施等，最后自动生成完整的 WORD 格式“施工现场临时用电组织设计”。用户可以结合不同的施工现场实际情况，对软件生成的方案进行进一步的调整修改。

为清晰考虑，软件的基本功能流程可分解如下：

第一步：用户工作：用户录入工程设计原始信息。

开始，用户设计者打开【设计软件】功能主界面，在软件中建立新工程，填写录入工程概况与现场勘测，确定电源进线、变电所或配电室、配电装置（包括总配电箱（柜）、分配电箱、开关箱等）与用电设备位置及线路走向等基本原始资料信息。

第二步：计算机工作：软件自动计算与数据处理。

软件本身根据内涵计算与数据处理程序和用户提供的相关基本原始资料信息，自动进行负荷计算、选择变压器、设计配电系统（包括选择导线或电缆、设计配电装置及选择电器）、绘制用电工程总平面图、配电装置布置图、配电系统图等。

第三步：用户工作：用户设计者借助软件手工调整设计结果。

用户设计者对辅助软件设计的配电系统，结合本现场用电系统使用的实际情况，以及以往对现场用电系统使用的经验进行调整修改。

接续，用户设计者根据软件提供的模板绘制接地装置设计图、设计防雷装置、确定防护措施、制定安全用电措施和电气防火措施等。

第四步：计算机工作：软件自动生成用电组织设计“草稿”文本。

软件自动汇总生成带封面、目录、各级标题、正文的WORD格式施工现场临时用电组织设计“草稿”文本。

第五步：用户工作：用户设计者调整、修订完成用电组织设计编制文本。

用户在【设计软件】生成的施工现场临时用电组织设计“草稿”文本的基础上进一步调整修改、内容编辑，最终完成用电组织设计的最终编制文本。

以上所述软件基本操作流程的第一、三、五步主要由用户完成，第二、四步则由【设计软件】自动完成。

【规范】规定，施工现场临时用电组织设计应由电气工程技术人员组织编制。因此，为了保证用电组织设计的编制能够符合【规范】的要求，使用本软件辅助编制“施工现场临时用电组织设计”的人员必须具备如【规范】所规定的编制人资格。

### 5.3.2 软件基本操作流程图

以上介绍的【设计软件】基本操作流程图如图 5-3-1 所示。

**用户设计者录入工程设计原始信息**

用户设计者打开【设计软件】功能主界面，在软件中建立新工程，添写录入工程概况与现场勘测，确定电源进线、变电所或配电室、配电装置（包括总配电箱（柜）、分配电箱、开关箱等）与用电设备位置及线路走向等基本原始资料信息

**软件自动计算与数据处理**

软件根据数据处理程序和用户提供的相关基本原始资料信息，自动进行负荷计算、选择变压器、设计配电系统（包括选择导线或电缆、设计配电装置及选择电器）、绘制用电工程总平面图、配电装置布置图、配电系统图等

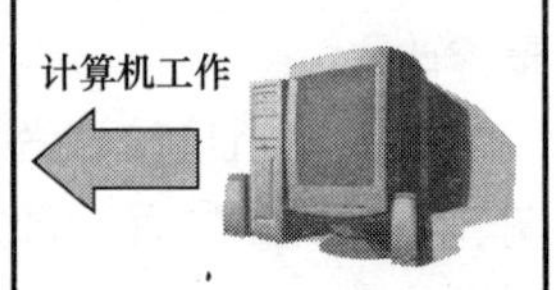


**用户设计者借助软件调整设计结果**

用户设计者对辅助软件设计的配电系统，结合本现场用电系统使用的实际情况，以及以往对现场用电系统使用的经验进行调整修改。

接续，用户设计者根据软件提供的模板绘制接地装置设计图、设计防雷装置、确定防护措施、制定安全用电措施和电气防火措施等

**软件自动生成用电组织设计"草稿"文本**

软件自动汇总生成带封面、目录、各级标题、正文的WORD格式施工现场临时用电组织设计"草稿"文本

**用户设计者调整完成用电组织设计编制文本**

用户在【设计软件】生成的施工现场临时用电组织设计"草稿"文本的基础上进一步调整修改、内容编辑，最终完成用电组织设计的最终编制文本

图 5-3-1　用电组织设计计算机辅助软件系统基本操作流程示意图

本用电组织设计计算机辅助软件系统基本操作流程还可用图 5-2 所示方框图表示。

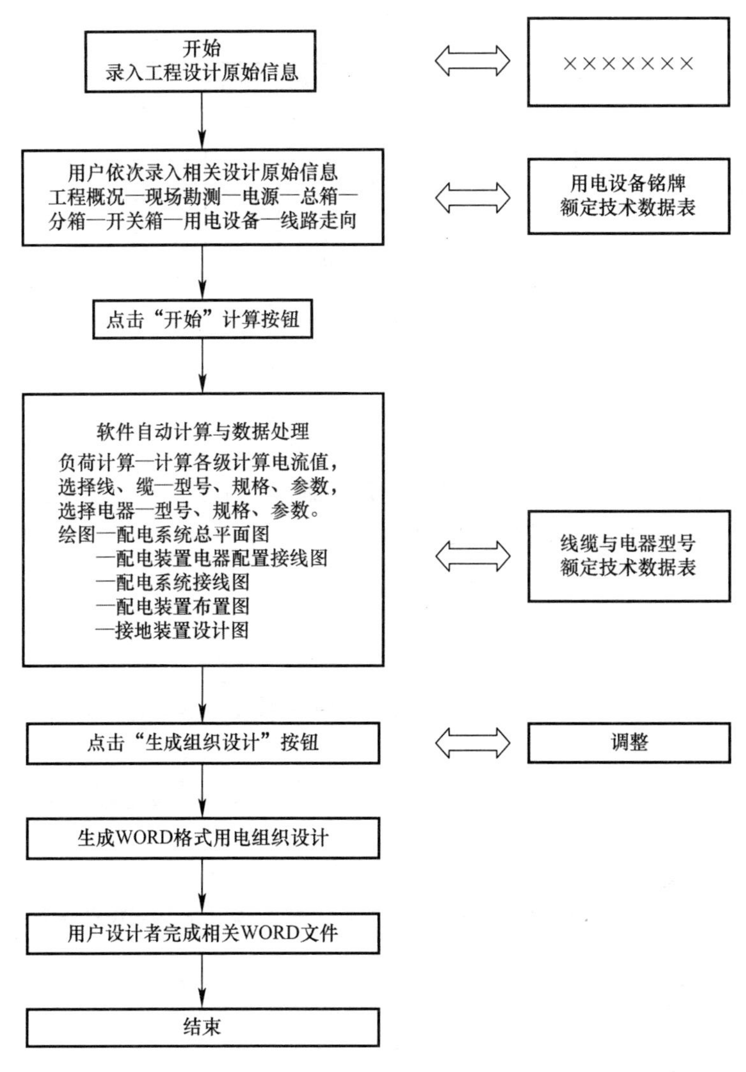


图 5-2　用电组织设计计算机辅助软件系统基本操作流程方框图

5.3.3　软件功能模块及主要流程界面描述

本用电组织设计计算机辅助软件系统功能模块组成如图 5-3 所示。

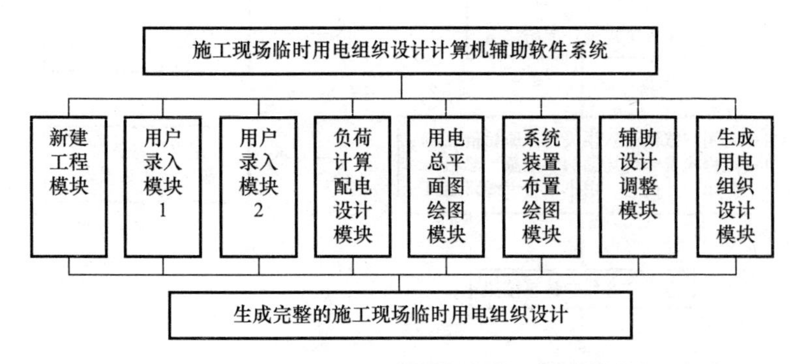


图 5-3　用电组织设计辅助软件功能模块组成图

图 5-3 所示用电组织设计计算机辅助软件系统功能模块及主要流程描述详见软件功能主界面。

软件功能主界面如图 5-4 所示。

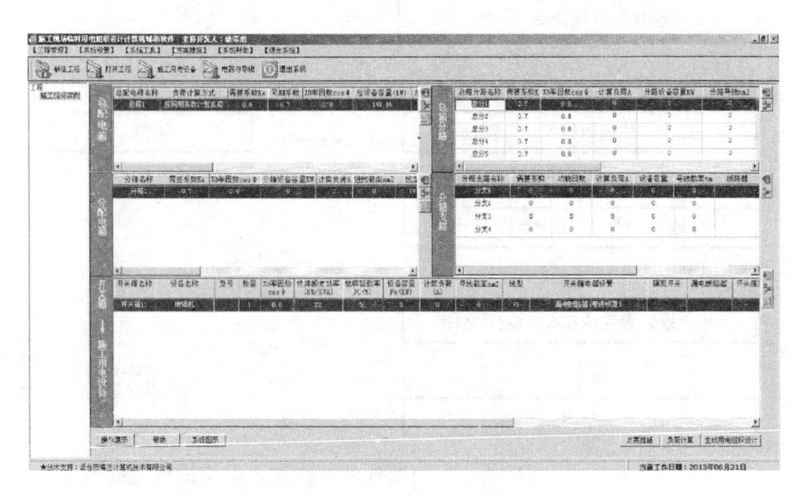

图 5-4　用电组织设计辅助软件功能主界面

以下分别介绍图 5-3 所示各模块的功能。

(1) 新建工程模块（用户录入新建工程基本信息）

“新建工程模块”的功能说明：

设计开始，新建工程用户设计者首先新建一个工程。打开工程属性窗口，按照工程属性窗口显示栏目具体录入新建工程的各项基本信息！如图 5-5 所示。

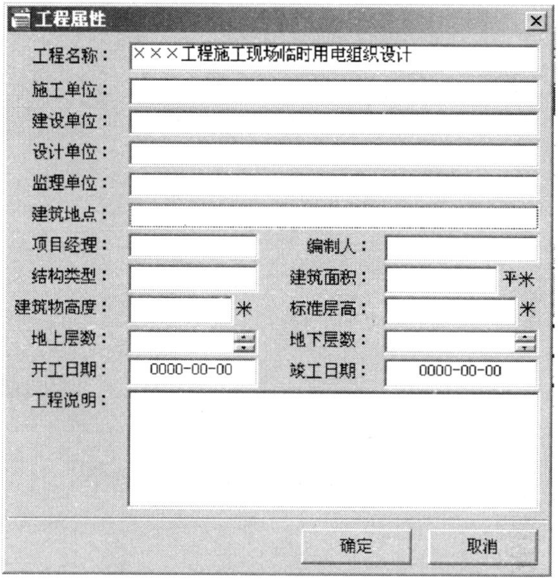

工程属性

工程名称：×××工程施工现场临时用电组织设计

施工单位：

建设单位：

设计单位：

监理单位：

建筑地点：

项目经理：　　编制人：

结构类型：　　建筑面积：　平米

建筑物高度：　米　　标准层高：　米

地上层数：　　地下层数：

开工日期：0000-00-00　　竣工日期：0000-00-00

工程说明：

确定　　取消

图 5-5　新建工程模块工程基本信息录入表界面

(2) 用户录入模块 1（用户录入工程概况、编制依据、现场勘测等内容）

“用户录入模块 1”的功能说明：

用户设计者打开施工现场临时用电组织设计窗口，顺次录入工程概况、编制依据、现场勘测等内容，如图 5-6 所示。

例如，点击现场勘测，打开 Word，如图 5-7 所示，编辑现场勘测内容。

本窗口内容由用户设计者根据现场勘测工作所做记录摘要录

入填写，内容应包括本书 3.3、3.4、3.5 和 4.1 中所表述的与用电组织设计有关（作为原始资料）的内容。所录入填写的内容应满足设计任务和内容中关于“确定电源进线、变电所或配电室、配电装置、用电设备位置及线路走向”的要求。

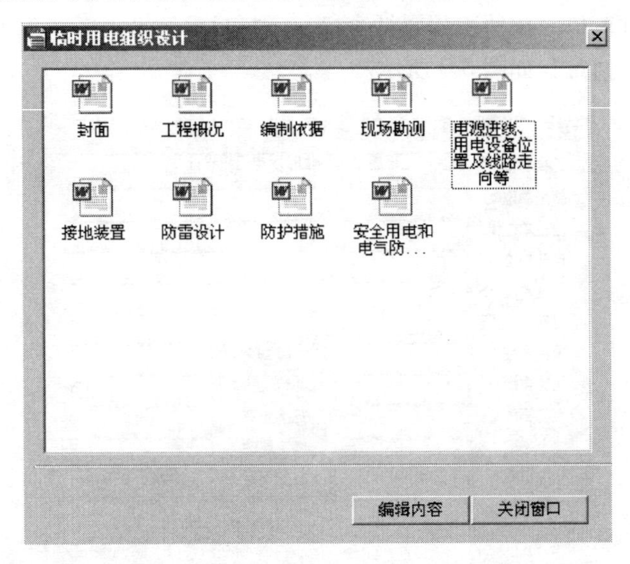


图 5-6　用户录入模块 1 窗口显示界面

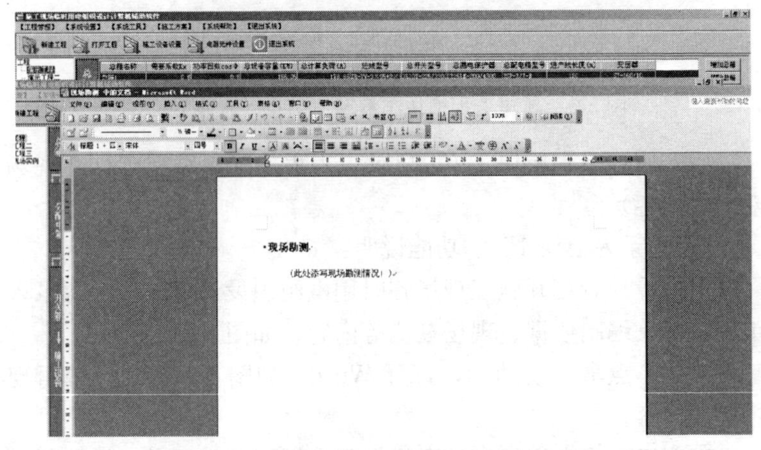


图 5-7　编制现场勘测内容窗口显示界面

(3) 用户录入模块 2（用户录入配电装置与用电设备）

“用户录入模块 2”的功能说明：

本功能模块的功能就是用户设计者根据自己对本施工现场临时用电工程配电系统的设计构思，在软件功能主界面依次录入一至多个总配电箱，总配电箱下面录入多个分配电箱，分配电箱下添加开关箱与相关用电设备。全部功能流程如图 5-8 所示，实际操作可以通过以下主界面流程描述。如图 5-9 所示。

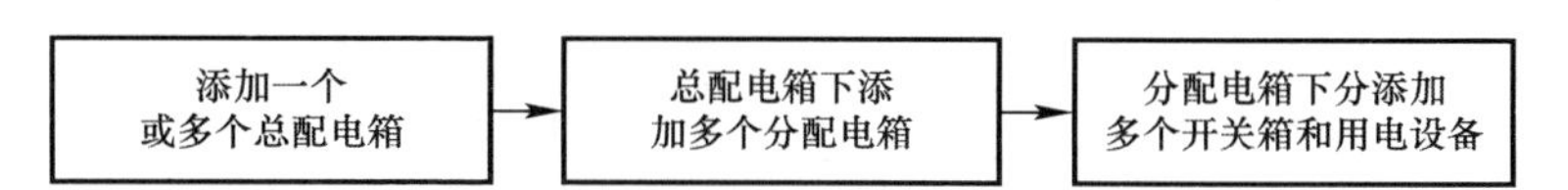


图 5-8　配电箱与开关箱及用电设备录入模块功能程序

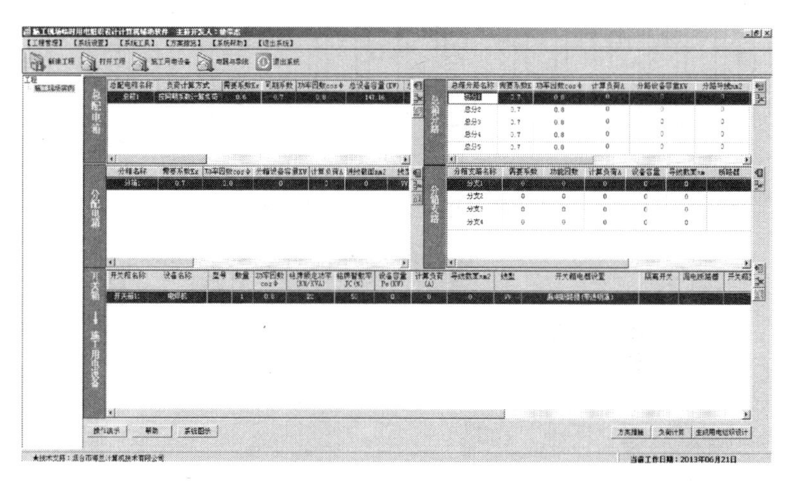

图 5-9　主界面配电箱与开关箱及用电设备录入流程

本功能模块软件提供树型显示功能，可用于构造临时用电工程的配电系统结构形式简图，该配电系统结构形式简图可通过点击主界面上的“系统图示”按钮自动生成，如图 5-10 所示。软件还自带施工现场常用用电设备表，如图 5-11 表所示。用户设计者可据此表对图 5-10 进行调整，增删设备。

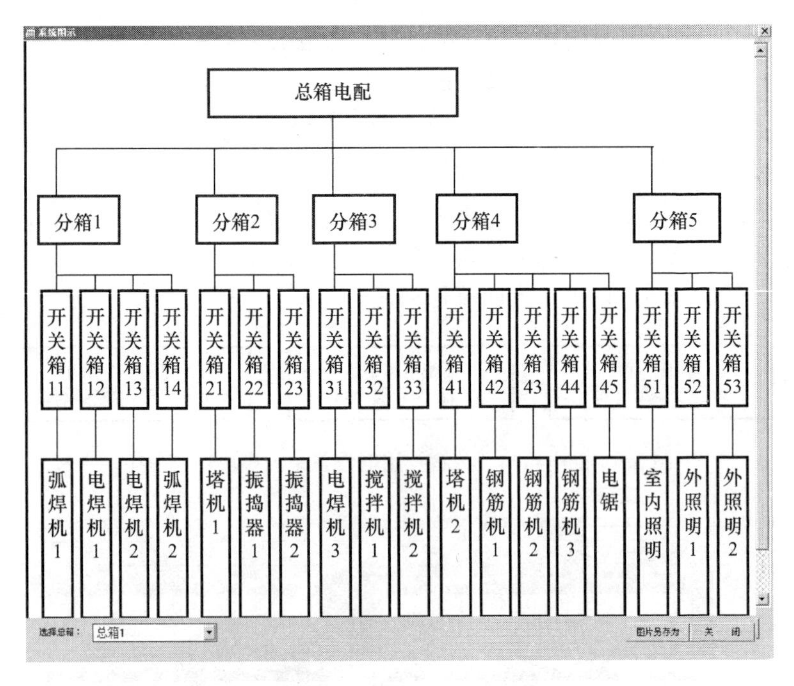


图 5-10　配电箱与开关箱及用电设备录入模块树形显示功能图表界面

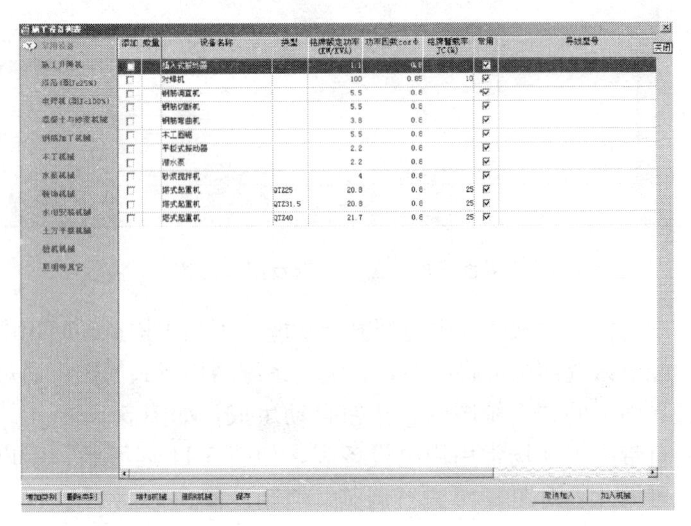

图 5-11　施工设备列表界面

(4) 负荷计算配电设计模块

“负荷计算配电设计模块”的功能说明：

本模块的功能包括：负荷计算功能，以及配电系统设计中的导线、电缆、电器选择功能。

软件根据用户设计者录入的与配电箱、开关箱、用电设备相关的信息，自动进行负荷计算（计算过程中，需要系数和功率因数等暂取默认值，可以调整），选择供电变压器，设计配电系统。设计配电系统包括设计配电线路及选择导线或电缆；设计配电装置及选择电器。本功能模块的功能程序如图5-12所示。

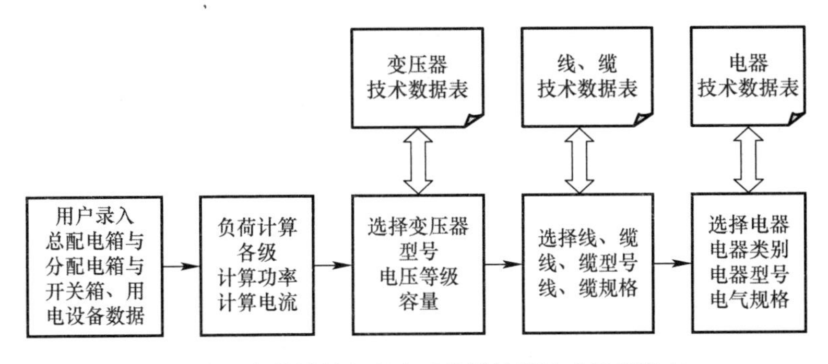


图5-12 负荷计算与配电系统设计模块功能程序表

设计过程中，软件根据负荷计算结果，并依据导线、电器、供电变压器型号数据表中设定的额定电流或额定容量等，自动选择大于计算负荷的最小导线、电缆、电器及供电变压器型号、容量等。用户可以在计算后，对软件自动选择的参数数据进行调整、修改。

(5) 用电总平面图绘图模块

用电总平面图绘图模块功能说明：

首先，用户设计者主界面CAD中打开“施工现场总平面图”，如图5-13所示。该平面图为本模块功能软件默认图形，设计者可以根据本施工现场经现场勘测确认的实际现场平面形状、尺寸，作调整、改画。

其次，结合图5-14所示界面，用户设计者可在图5-13中顺

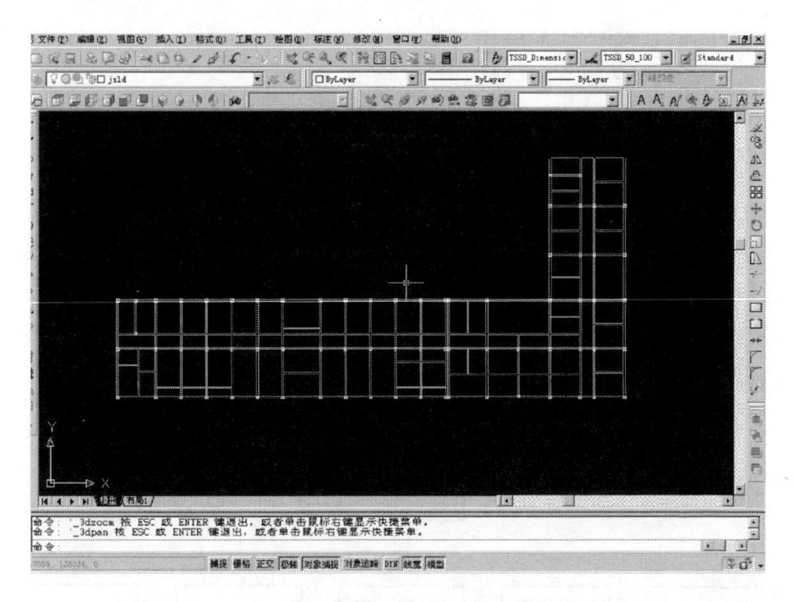

图 5-13　CAD 施工现场总平面图（默认图）界面

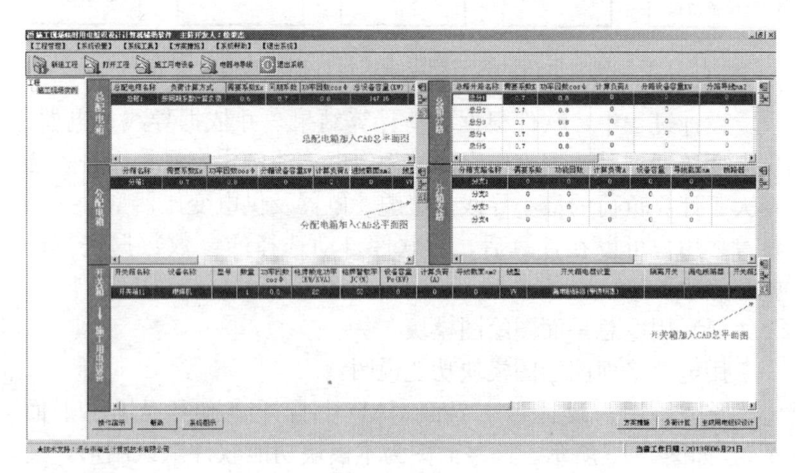


图 5-14　添加总配电箱、分配电箱、开关箱和用电设备界面

次点击添加总配电箱、分配电箱、开关箱和用电设备。此过程可通过点击“加入 CAD 图”，将软件切换至“CAD 施工现场总平面图”界面，在设计选定的位置用鼠标点击添加。

总配电箱和分配电箱、开关箱、用电设备添加完毕后，软件便自动默认绘制它们之间的配电线路，如图 5-15 所示。

设计者可按设计构思意图，调整该配电线路的线路走向。

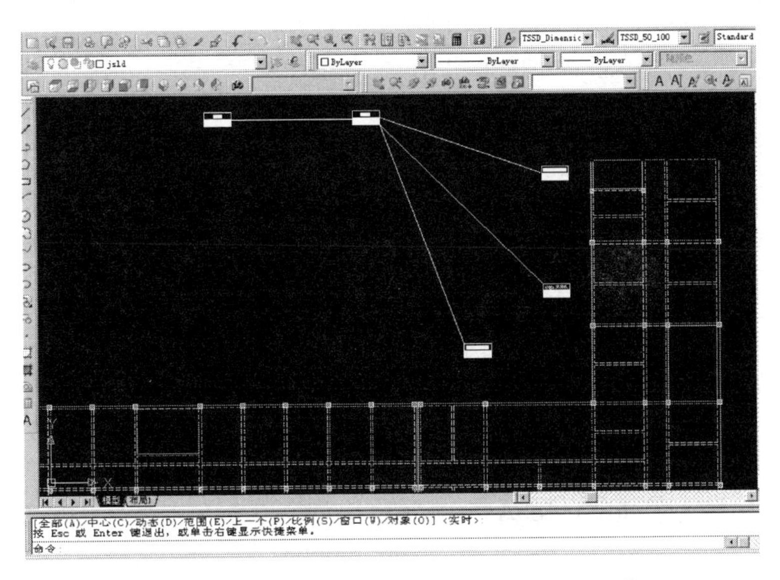


图 5-15　施工现场用电工程 CAD 总平面图的形成

(6) 系统装置布置绘图模块

系统装置布置绘图模块功能说明：

系统装置布置绘图模块功能包括：配电系统图、配电装置电器配置与接线图、配电柜布置图绘制。软件根据负荷计算与配电系统设计结果，自动绘制各级配电系统图，各级配电装置的电器配置与接线图，以及配电柜布置图。如下图所示。

1) 配电系统图（示例样式，可根据软件默认图调整获得）

A. 总配电箱局部配电系统图

总配电箱局部配电系统图如图 5-16 所示。

总箱 1—总计算负荷：257A

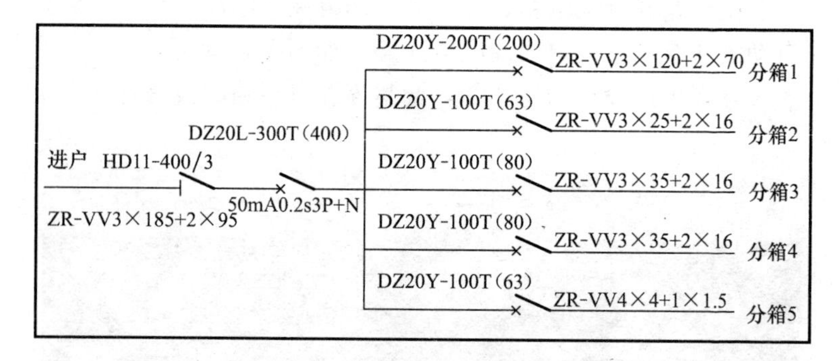


图 5-16 总配电箱局部配电系统图

B. 分配电箱—开关箱—用电设备局部配电系统图

分配电箱—开关箱—用电设备局部配电系统图如图 5-17*A*1～*A*5 所示。

分配电箱—开关箱—用电设备局部配电系统图如图 5-17*A*1 所示。

总计算负荷：185A

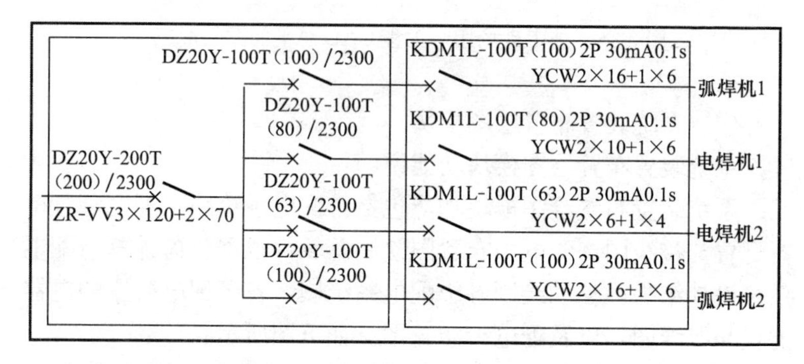


图 5-17*A*1 1 分配电箱—开关箱—用电设备局部配电系统图

① 分配电箱—开关箱—用电设备局部配电系统图如图 5-17A2 所示。

总计算负荷：59A

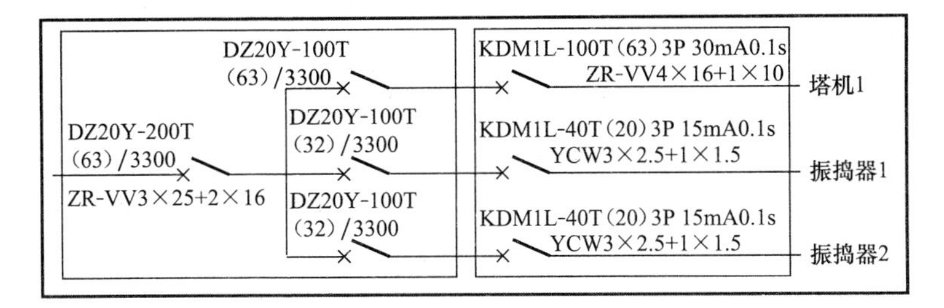


图 5-17A2　2 分配电箱—开关箱—用电设备局部配电系统图

② 分配电箱—开关箱—用电设备局部配电系统图如图 5-17A3 所示。

总计算负荷：78.2A

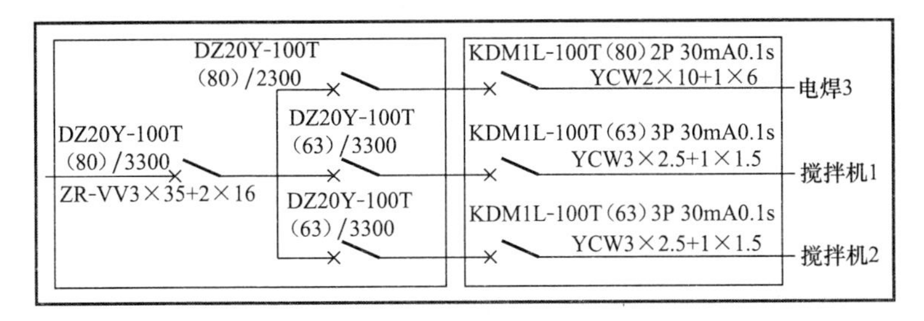


图 5-17A3　3 分配电箱—开关箱—用电设备局部配电系统图

③ 分配电箱—开关箱—用电设备局部配电系统图如图 5-17A4 所示。

总计算负荷：78.1A

④ 分配电箱—开关箱—用电设备局部配电系统图如图 5-17A5 所示。

总计算负荷：6.4A

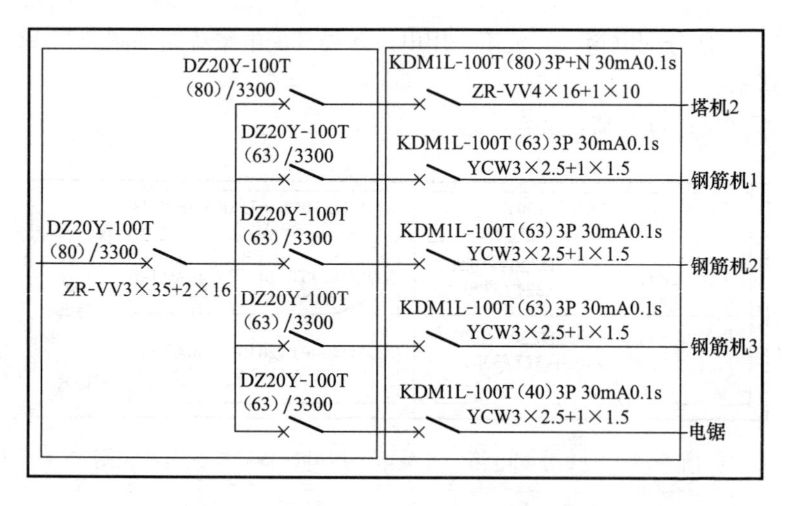


图 5-17A4　4 分配电箱—开关箱—用电设备局部配电系统图

KDM1-40T
(20)220V
KDM1L-40T(20)P+N 30mA0.1s
YCW2×2.5+1×1.5
内照明
DZ20Y-100T
(63)/3300
KDM1-40T
(20)220V
KDM1L-40T(20)P+N 30mA0.1s
YCW2×2.5+1×1.5
外照明1
ZR-VV4×4+1×1.5
KDM1-40T
(20)220V
KDM1L-40T(20)P+N 30mA0.1s
YCW2×2.5+1×1.5
外照明2

图 5-17A5　5 分配电箱—开关箱—用电设备局部配电系统图

※ 图 5-16 所示总配电箱局部配电系统图说明：

A1. 本图中，总路设置刀型带护罩隔离开关和普通型漏电断路器，如果漏电断路器为具有透明罩结构、分断时具有可见分断点和分断指示的特别型，则可以不装设刀型带护罩隔离开关；各分路均为具有透明罩结构、分断时具有可见分断点和分断指示的特别型断路器。如果各分路断路器均为普通型，则各分路电源侧均需增加装设刀型带护罩隔离开关，各分路亦可采用刀型隔离开关加（具有可靠灭弧功能）熔断器的组合形式。

A2. 图中，亦可改变为总路不设漏电断路器，只设断路器，而各分路不设断路器，均设漏电断路器的配置形式。改变配置形式后，对断路器和漏电断路器结构形式的要求与A1相同，此时对总路装设刀型隔离开关加（具有可靠灭弧功能）熔断器的组合形式的要求亦相同。

A3. 关于总配电箱中电器配置与接线的规则详见本书4.5.2。

※ 图5-17A所示分配电箱—开关箱—用电设备局部配电系统图说明

B1. 图5-17A1～A5各图中，分配电箱总路及其各分路断路器均为具有透明罩结构、分断时具有可见分断点和分断指示的特别型断路器；如果总路及其各分路断路器均为普通型，则总路及其各分路电源侧均需增加装设刀型带护罩隔离开关，总路及其各分路亦可采用刀型隔离开关加（具有可靠灭弧功能）熔断器的组合形式。

B2. 图5-17A1～A5各图中，开关箱设置的漏电断路器均为具有透明罩结构、分断时具有可见分断点和分断指示的特别型；如果各漏电断路器均为普通型，则各漏电断路器电源侧均需增加装设刀型带护罩隔离开关。

B3. 关于分配电箱和开关箱中电器配置与接线的规则详见本书4.5.2。

※ 图5-16和图5-17A中电气图形符号说明：

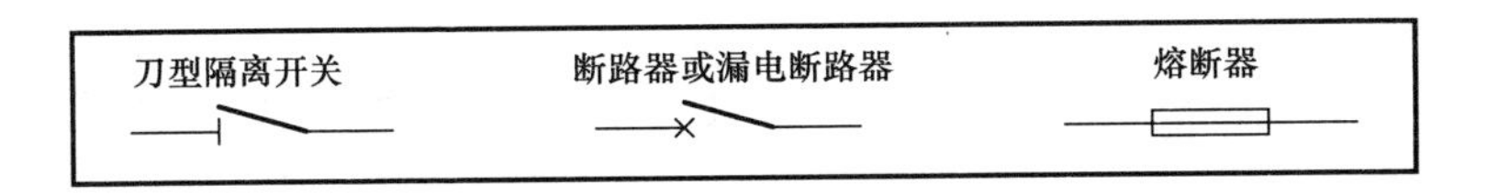


2）配电装置电器配置与接线图（示例样式，可根据软件默认图调整获得）

A. 总配电箱的电器配置与接线图

总配电箱电器配置与接线的基本形式如图5-18①和图5-18②所示。

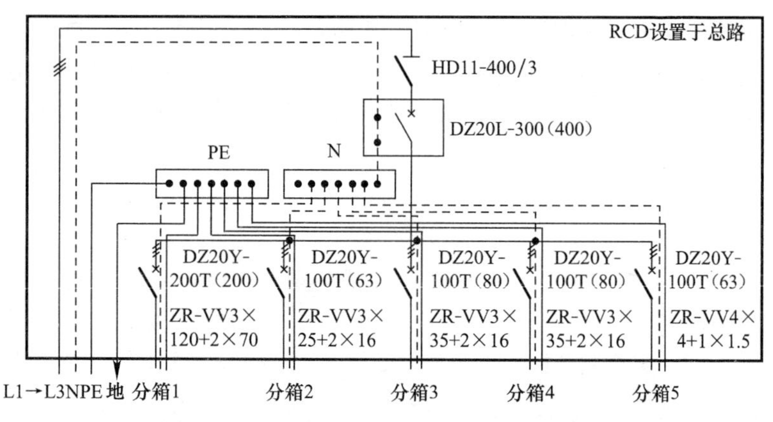


图 5-18① 总配电箱的电器配置与接线图一

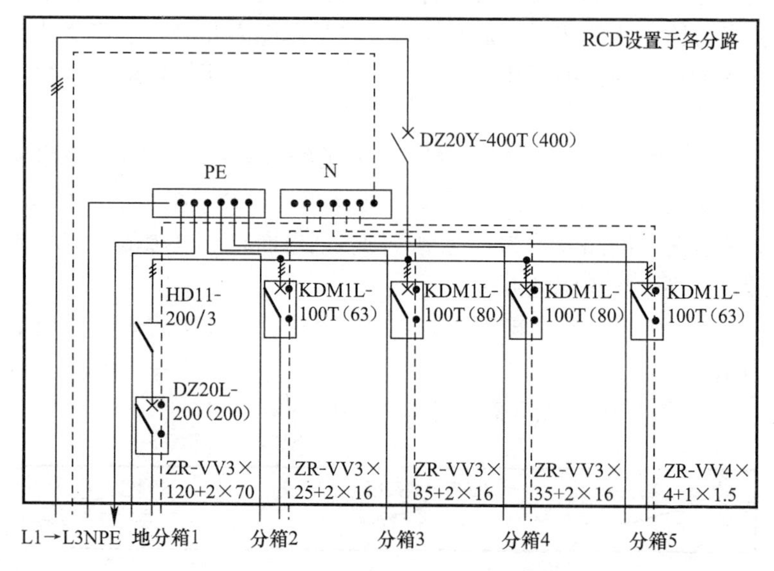


图 5-18② 总配电箱的电器配置与接线图二

注：1. 图 5-18①中，分箱 1 分路漏电断路器为普通型（不具有透明罩结构，分断时无可见分断点和分断指示器指示），故在其电源侧装设 HD11-200/3 刀型隔离开关（带护罩）。

2. 图 5-18②中，总路断路器 DZ20Y-400T（400）为具有透明罩结构，分断时具有可见分断点和分断指示器指示的特型断路器，故其电源侧无需再装设隔离开关。

B. 分配电箱的电器配置与接线图

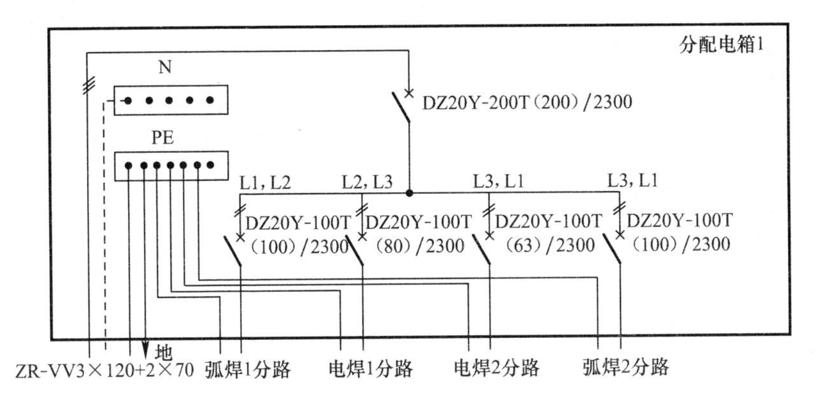


图 5-19① 分配电箱 1 的电器配置与接线图（弧焊机 1、2 与电焊机 1、2）

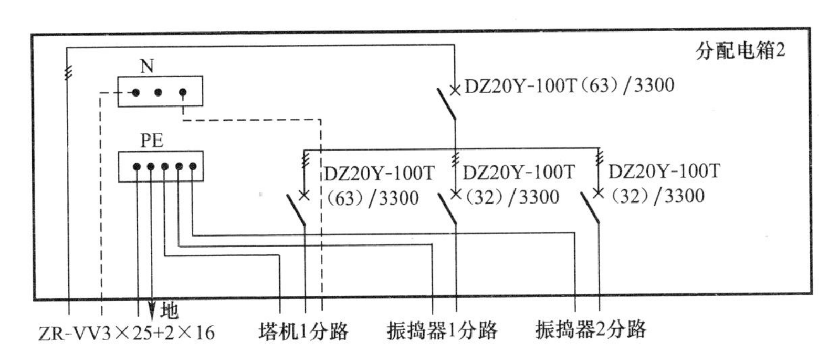


图 5-19② 分配电箱 2 的电器配置与接线图（塔机与振捣器 1、2）

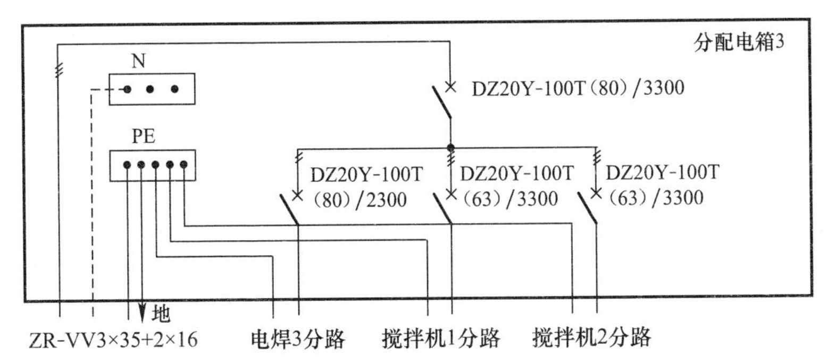


图 5-19③ 分配电箱 3 的电器配置与接线图（电焊机 3 与搅拌机 1、2）

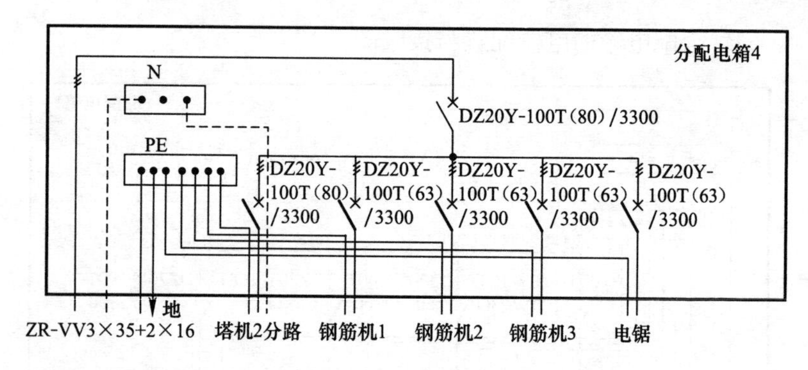


图 5-19④　分配电箱 4 的电器配置与接线图（塔机 2，钢筋机 1、2、3 与电锯）

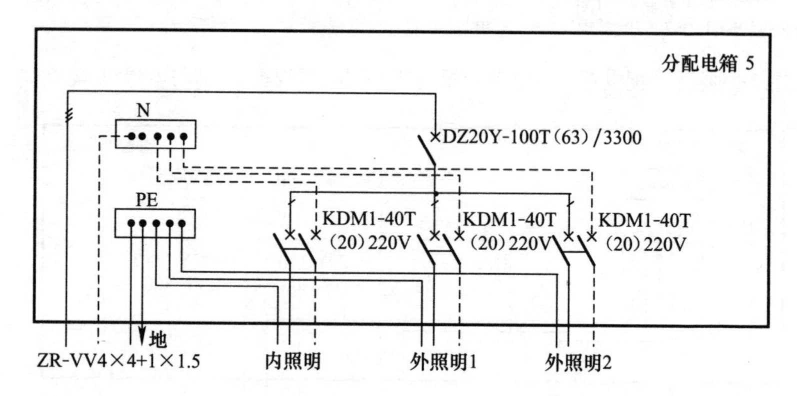


图 5-19⑤　分配电箱 5 的电器配置与接线图（内照明与外照明 1、2）

C. 开关箱的电器配置与接线图

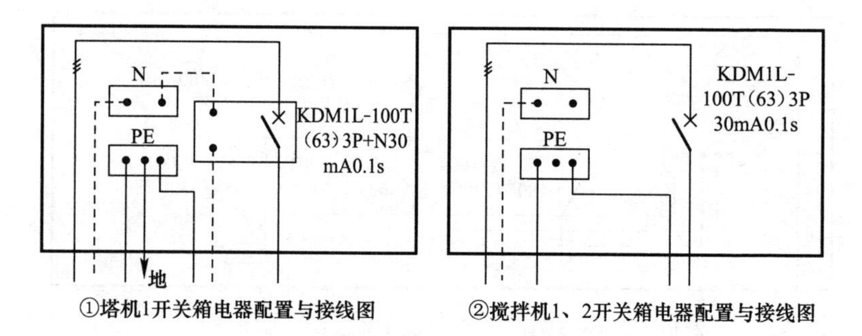


图 5-20　典型开关箱的电器配置与接线图

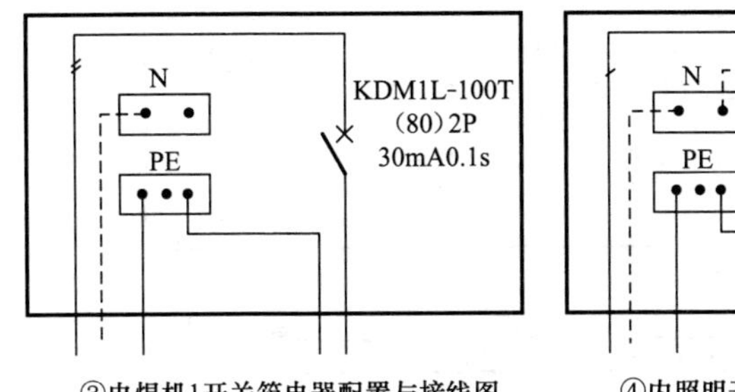

③电焊机1开关箱电器配置与接线图

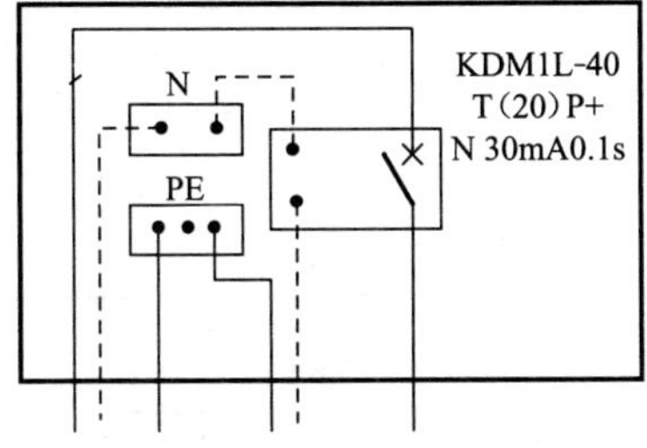

④内照明开关箱电器配置与接线图

图 5-20　典型开关箱的电器配置与接线图（续）

注：① 在如上 B、C 部分图 5-19～图 5-20 所绘制的分配电箱和开关箱的电器配置与接线中，凡所选用的断路器或漏电断路器为具有透明罩结构、分断时具有可见分断点和分断指示的特型电器时，其电源侧均无需装设刀型隔离开关；此种选型适应新技术应用，应予优先采用。

② 分配电箱中的电器配置亦可采用刀型隔离开关与普通断路器的组合或刀型隔离开关与熔断器的组合替代。其中，刀型隔离开关应具有防护罩，不得有外露带电部分；熔断器应是具有可靠灭弧功能的独立器件。

开关箱中的电器配置，亦可采用刀型隔离开关与普通漏电断路器的组合替代，或采用刀型隔离开关与熔断器、漏电保护器的组合替代。其中，刀型隔离开关同样应具有防护罩，不得有外露带电部分；熔断器也同样应是具有可靠灭弧功能的独立器件；而漏电保护器可只有漏电保护功能。同时，要求刀型隔离开关只可用于直接控制照明电路和容量不大于 3.0kW 的动力电路。

3）配电室中配电柜布置图（示例样式，可根据软件默认图调整获得）

（7）辅助设计软件调整模块

本模块的功能是：用户设计者可以用其对软件自动负荷计算与配电系统设计的结果进行调整，如调整自动选择的导线、电器、变压器，以及配电系统全部相关图纸等。

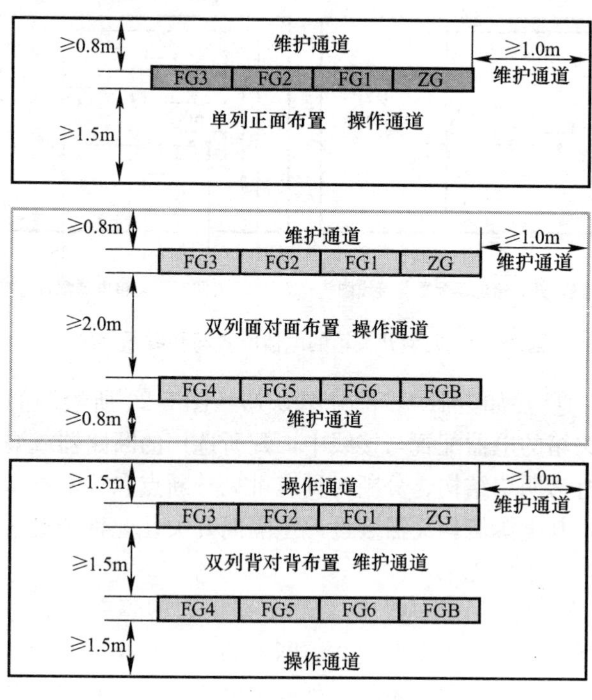


图 5-21①　配电柜平面布置图

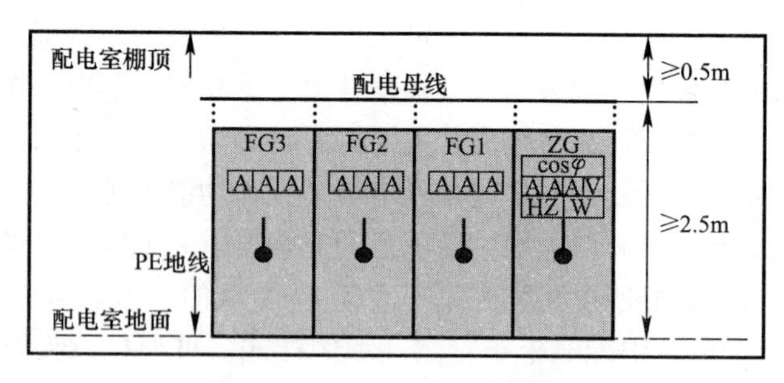


图 5-21②　配电柜立面布置图

（8）生成用电组织设计模块

本模块的功能是：用户设计者可以用其自动生成所编制的施工现场临时用电组织设计，并形成一个完整的用电组织设计资料文本，如图 5-22 所示。

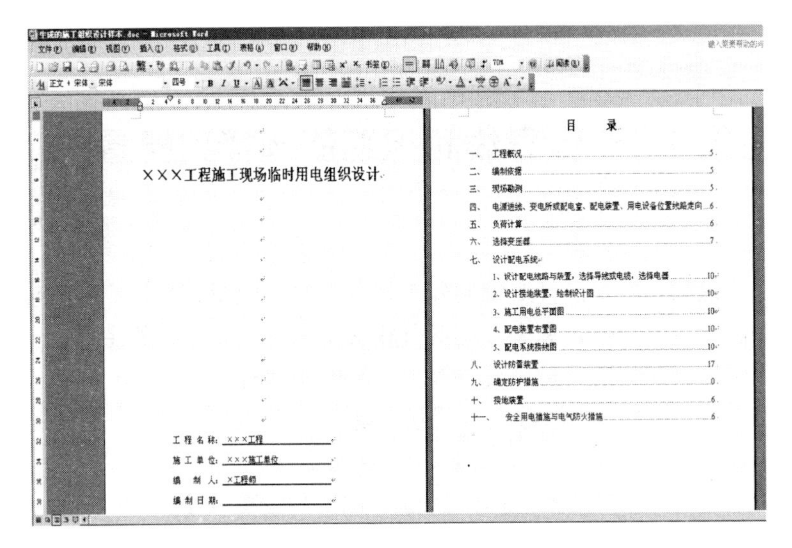

×××工程施工现场临时用电组织设计

工 程 名 称：×××工程

施 工 单 位：×××施工单位

编 制 人：×工程师

编 制 日 期：

目　录



图 5-22①　现场临时用电组织设计文本①

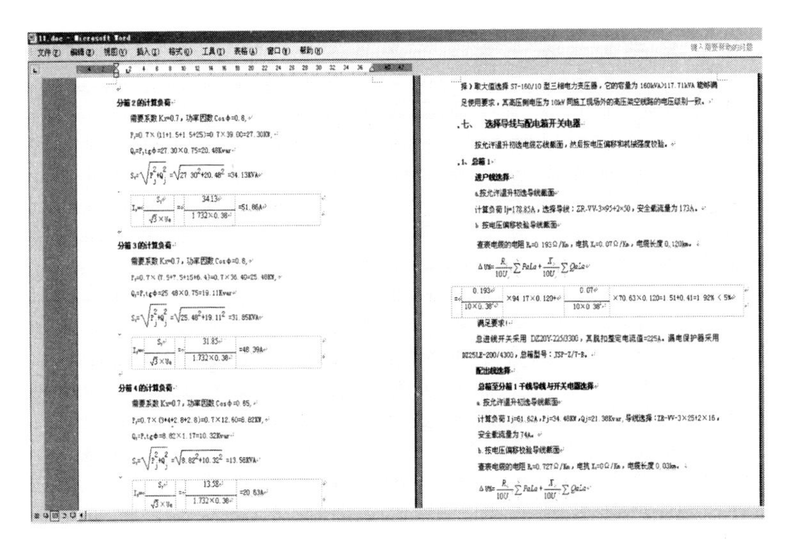

**分箱 2 的计算负荷**

需要系数 Kx=0.7，功率因数 Cosφ=0.8，

$P_j$=0.7×(11+1.5+1.5+25)=0.7×39.00=27.30KW，

$Q_j=P_j$tgφ=27.30×0.75=20.48Kvar

$S_j=\sqrt{P_j^2+Q_j^2}=\sqrt{27.30^2+20.48^2}$=34.13KVA

$I_j=\dfrac{S_j}{\sqrt{3}\times U_e}=\dfrac{34.13}{1.732\times 0.38}$=51.86A

**分箱 3 的计算负荷**

需要系数 Kx=0.7，功率因数 Cosφ=0.8，

$P_j$=0.7×(7.5+7.5+15+6.4)=0.7×36.40=25.48KW，

$Q_j=P_j$tgφ=25.48×0.75=19.11Kvar

$S_j=\sqrt{P_j^2+Q_j^2}=\sqrt{25.48^2+19.11^2}$=31.85KVA

$I_j=\dfrac{S_j}{\sqrt{3}\times U_e}=\dfrac{31.85}{1.732\times 0.38}$=48.39A

**分箱 4 的计算负荷**

需要系数 Kx=0.7，功率因数 Cosφ=0.65，

$P_j$=0.7×(3+4+2.8+2.8)=0.7×12.60=8.82KW，

$Q_j=P_j$tgφ=8.82×1.17=10.32Kvar

$S_j=\sqrt{P_j^2+Q_j^2}=\sqrt{8.82^2+10.32^2}$=13.58KVA

$I_j=\dfrac{S_j}{\sqrt{3}\times U_e}=\dfrac{13.58}{1.732\times 0.38}$=20.63A

择）取大值选择 S7-160/10 型三相电力变压器，它的容量为 160kVA>117.71kVA 能够满足使用要求，其高压侧电压为 10kV 同施工现场外的高压架空线路的电压级别一致。

**七、 选择导线与配电箱开关电器**

按允许温升初选电缆芯线截面，然后按电压偏移和机械强度校验。

**1、总箱 1**

**进户线选择**

a.按允许温升初选导线截面

计算负荷 Ij=178.85A，选择导线：ZR-VV-3×95+2×50，安全载流量为 173A。

b.按电压偏移校验导线截面

查表电缆的电阻 $R_o$=0.193Ω/Km，电抗 $X_o$=0.07Ω/Km，电缆长度 0.120km。

$$\Delta U\%=\frac{R_o}{10U_e^2}\sum PaLa+\frac{X_o}{10U_e^2}\sum QaLa$$

$$=\frac{0.193}{10\times 0.38^2}\times 94.17\times 0.120+\frac{0.07}{10\times 0.38^2}\times 70.63\times 0.120=1.51+0.41=1.92\%<5\%$$

满足要求！

总进线开关采用 DZ20Y-225/3300，其脱扣整定电流值=225A。漏电保护器采用 DZ25LE-200/4300，总箱型号：JSP-Z/7-B。

**配出线选择**

**总箱至分箱 1 干线导线与开关电器选择**

a.按允许温升初选导线截面

计算负荷 Ij=61.62A，Pj=34.48KW，Qj=21.38Kvar，导线选择：ZR-VV-3×25+2×16，安全载流量为 74A。

b.按电压偏移校验导线截面

查表电缆的电阻 $R_o$=0.727Ω/Km，电抗 $X_o$=0Ω/Km，电缆长度 0.03km。

$$\Delta U\%=\frac{R_o}{10U_e^2}\sum PaLa+\frac{X_o}{10U_e^2}\sum QaLa$$

图 5-22②　现场临时用电组织设计文本②

用电组织设计资料文本目录中，余下的其他组成部分也均可在计算机上自动生成，此处从略。

# 附录 1　绝缘导线和电缆的选择和配置

**说明**：本附录针对编制施工现场临时用电组织设计需要，以表格为主要形式，集中介绍部分相关绝缘导线和电缆的主要技术规格和选配方法，可供设计配电线路时参照选用。

## 附 1.1　绝缘导线明敷设时的载流量

### 附 1.1.1　500V 铜芯和铝芯绝缘导线明敷设时长期连续负荷允许载流量

普通铜芯和铝芯绝缘导线明敷设时的载流量如附表 1-1-1 所示。

**500V 铜芯和铝芯绝缘导线明敷设时长期连续负荷允许载流量（A）**

**附表 1-1-1**

| 导线截面（$mm^2$） | 铜芯绝缘线 | | | | 铝芯绝缘线 | | | |
|---|---|---|---|---|---|---|---|---|
| | 25℃ | | 30℃ | | 25℃ | | 30℃ | |
| | 橡皮 | 塑料 | 橡皮 | 塑料 | 橡皮 | 塑料 | 橡皮 | 塑料 |
| 1.0 | 21 | 19 | 20 | 18 | | | | |
| 1.5 | 27 | 24 | 25 | 20 | | | | |
| 2.5 | 35 | 32 | 33 | 30 | 27 | 25 | 25 | 23 |
| 4 | 45 | 42 | 42 | 39 | 35 | 32 | 33 | 30 |
| 6 | 58 | 55 | 54 | 51 | 45 | 42 | 42 | 39 |
| 10 | 85 | 75 | 79 | 70 | 65 | 59 | 61 | 55 |
| 16 | 110 | 105 | 103 | 98 | 85 | 80 | 79 | 75 |
| 25 | 145 | 138 | 135 | 128 | 110 | 105 | 103 | 98 |
| 35 | 180 | 170 | 168 | 159 | 138 | 130 | 129 | 121 |
| 50 | 230 | 215 | 215 | 201 | 175 | 165 | 163 | 154 |
| 70 | 285 | 265 | 266 | 248 | 220 | 205 | 206 | 192 |
| 85 | 345 | 320 | 322 | 304 | 265 | 250 | 248 | 234 |
| 120 | 400 | 375 | 374 | 350 | 310 | 285 | 290 | 266 |
| 150 | 470 | 430 | 440 | 402 | 360 | 325 | 336 | 303 |
| 185 | 540 | 490 | 504 | 458 | 420 | 380 | 392 | 355 |

注：1. 导线芯线最高允许工作温度 $T_m=+65℃$。

2. 表中 25℃和 30℃系指环境温度。

附 1.1.2 BV-105 型耐热聚氯乙烯绝缘铜芯导线明敷设时的载流量

耐热聚氯乙烯绝缘铜芯导线明敷设时的载流量如附表 1-1-2 所示。

**BV-105 型耐热聚氯乙烯绝缘铜芯导线明敷设时的载流量（A）**

**附表 1-1-2**

| 导线截面（$mm^2$） | 环境温度 | | | |
|---|---|---|---|---|
| | 50℃ | 55℃ | 60℃ | 65℃ |
| 1.5 | 25 | 23 | 22 | 21 |
| 2.5 | 34 | 32 | 30 | 28 |
| 4 | 47 | 44 | 42 | 40 |
| 6 | 60 | 57 | 54 | 51 |
| 10 | 89 | 84 | 80 | 75 |
| 16 | 123 | 117 | 111 | 104 |
| 25 | 165 | 157 | 149 | 140 |
| 35 | 205 | 191 | 185 | 174 |
| 50 | 264 | 251 | 238 | 225 |
| 70 | 310 | 295 | 280 | 264 |
| 95 | 380 | 362 | 343 | 324 |
| 120 | 448 | 427 | 405 | 382 |
| 150 | 519 | 494 | 469 | 442 |

注：1. 芯线允许工作温度 $T_m$=105℃，适用于高温场所，但要求电线接头用焊接或绞接后表面锡镏处理。当电线与电线或电器接头允许温度为 95℃时，表中数据应乘以 0.93；当接头允许温度为 85℃时，表中数据应乘以 0.84。
2. BLV-105 型铝芯耐热聚氯乙烯绝缘导线明敷设时，载流量应以表中数据乘以 0.78。
3. 表中数据适用于长期连续负荷。
4. 表中载流量数据系经计算得出，仅供使用参考。

在附表 1-2 中，当环境湿度（以 $T_2$ 表示）不同于表中给定的环境温度（$T_1$）时，表中的载流量应乘以相应的校正系数 $K$，$K$ 值的计算公式为：

$$K=\sqrt{(T_m-T_2)/(T_m-T_1)} \quad \text{（附 1-1）}$$

式（附 1-1）中 $K$ 值的计算对于各种线、缆在不同敷设环境温度条件下均适用。为方便考虑，将各不同环境温度 $T_2$ 时的 $K$

值列入附表 1-1-3，可直接选用。

**不同电线电缆在不同环境温度时载流量的校正系数 $K$**

**附表 1-1-3**

| 线芯工作温度 $T_m$（℃） | 环境温度 $T_2$（℃） | | | | | | | | |
|---|---|---|---|---|---|---|---|---|---|
| | 5 | 10 | 15 | 20 | 25 | 30 | 35 | 40 | 45 |
| 90 | 1.14 | 1.11 | 1.08 | 1.03 | 1.0 | 0.960 | 0.920 | 0.875 | 0.830 |
| 80 | 1.17 | 1.13 | 1.09 | 1.04 | 1.0 | 0.954 | 0.905 | 0.853 | 0.790 |
| 70 | 1.20 | 1.15 | 1.10 | 1.05 | 1.0 | 0.940 | 0.880 | 0.815 | 0.740 |
| 65 | 1.22 | 1.17 | 1.12 | 1.06 | 1.0 | 0.935 | 0.865 | 0.791 | 0.700 |
| 60 | 1.25 | 1.20 | 1.13 | 1.07 | 1.0 | 0.926 | 0.845 | 0.756 | 0.650 |
| 50 | 1.34 | 1.26 | 1.18 | 1.09 | 1.0 | 0.895 | 0.775 | 0.633 | 0.440 |

注：1. 表中数据根据已知载流量对应标准环境温度 $T_1=25℃$计算得到；
2. $T_m$ 为不同电线、电缆的允许长期工作温度。

## 附 1.2　绝缘导线的电路参数

BX、BLX 橡皮绝缘线和 BV、BLV 氯乙烯绝缘线的电路参数（电阻、电抗）分别如附表 1-2-1、附表 1-2-2 所示。

**BX、BLX 橡皮绝缘线的电阻和电抗　　附表 1-2-1**

| 导线截面（$mm^2$） | 电阻（Ω/km） | | 电抗（Ω/km） |
|---|---|---|---|
| | BX | BLX | |
| 16 | 1.2 | 1.98 | 0.295 |
| 25 | 0.74 | 1.28 | 0.283 |
| 35 | 0.54 | 0.92 | 0.277 |
| 50 | 0.39 | 0.64 | 0.267 |
| 70 | 0.28 | 0.46 | 0.258 |
| 95 | 0.20 | 0.34 | 0.249 |
| 120 | 0.158 | 0.27 | 0.244 |
| 150 | 0.123 | 0.21 | 0.238 |
| 185 | 0.103 | 0.17 | 0.232 |

注：线间几何均距为 0.3m。

**BV、BLV 聚氯乙烯绝缘线的电阻和电抗　附表 1-2-2**

| 导线截面（$mm^2$） | 电阻（Ω/km） | | 电抗（Ω/km） |
|---|---|---|---|
| | BV | BLV | |
| 16 | 1.2 | 1.98 | 0.302 |
| 25 | 0.74 | 1.28 | 0.290 |
| 35 | 0.54 | 0.92 | 0.282 |
| 50 | 0.39 | 0.64 | 0.269 |
| 70 | 0.28 | 0.46 | 0.263 |
| 95 | 0.20 | 0.34 | 0.252 |
| 120 | 0.158 | 0.27 | 0.250 |
| 150 | 0.123 | 0.21 | 0.243 |
| 240 | 0.103 | 0.17 | 0.237 |

注：线间几何均距为 0.3m。

## 附 1.3　绝缘导线截面的校验

按计算电流初选导线截面以后，尚应对配电线路进行电压损失校验和机械强度校验。校验方法分别介绍如下：

### 附 1.3.1　线路电压损失校验

所谓电压损失校验，就是校验配电线路的电压偏移是否符合【规范】的规定。所以电压损失校验就是要首先计算配电线路的电压偏移（通常以百分比表示）$\Delta U\%$，然后与【规范】规定的允许电压偏移 $\Delta U_y\%$值比较，比较结果 $\Delta U\% \leqslant \Delta U_y\%$为校验合格，否则为校验不合格。以下以附图 1-3-1 为例，简介电压偏移 $\Delta U\%$的计算方法。

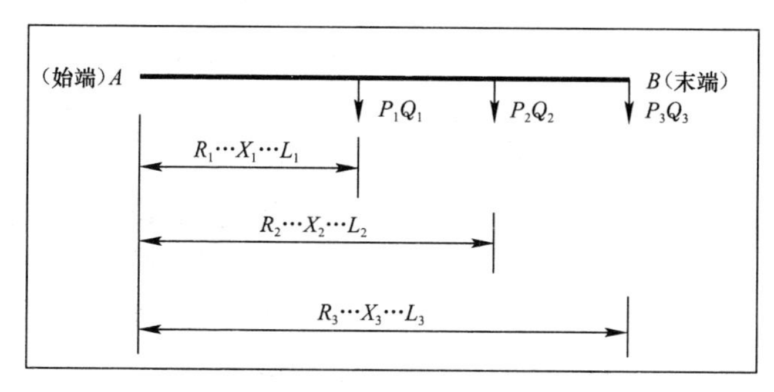


附图 1-3-1　计算电压偏移（损失）参考图

附图 1-3-1 显示，从配电线路的始端（电源端）$A$ 到末端 $B$ 的干线上一共有 3 路支线负荷，各支线负荷中的有功负荷与无功负荷分别用 $P_1$、$Q_1$、$P_2$、$Q_2$、$P_3$、$Q_3$ 表示。

电压偏移的定义式可表示为：

$$\Delta U\% = (U_1 - U_2)/U_e \times 100\% \quad \text{(附 1-2)}$$

式中 $U_1$——线路始端电压（V）；

$U_2$——线路末端电压（V）；

$U_e$——线路额定电压（V）。

在通常情况下，电压偏移百分数可按下述通用公式直接计算，即：

$$\Delta U\% = \frac{R_0}{10U_e^2}\sum_{k=1}^{n} P_k L_k + \frac{X_0}{10U_e^2}\sum_{k=1}^{n} Q_k L_k \quad \text{(附 1-3)}$$

式中 $\Delta U_a\% = \frac{R_0}{10U_e^2}\sum_{k=1}^{n} P_k L_k$——有功负荷及电阻引起的电压损失；

$\Delta U_r\% = \frac{X_0}{10U_e^2}\sum_{k=1}^{n} Q_k L_k$——无功负荷及电抗引起的电压损失；

$R_0$、$X_0$——每公里线路的电阻、电抗，参见附表 1-4、附表 1-5；

$P_k$、$Q_k$——各支线的有功负荷（kW）、无功负荷（kvar）；

$U_e$——线路额定电压（kV）；

$L_k$——电源至各支线负荷的距离（km）；

$n$——从配电线路的始端（电源端）$A$ 到末端 $B$ 的干线上分支支接的支线负荷路数。

按照【规范】的规定，为了保证配电线路末端用电设备正常工作，其工作电压对始端的电压偏移（损失）不得超过允许的电压偏移，即要求 $\Delta U_y\%\leqslant 5\%$。

所以，上述 $\Delta U\%$如果不大于 5%，则导线截面校验合格，否则为不合格，需要再适当加大导线截面，或缩短配电距离。

需要指出，在计算电压偏移 $\Delta U\%$时，对于满足下列任一条件的配电线路，$\Delta U_r\%$可略去不计，即：

1. 无功负荷较小的线路

（1）当线路 $\cos\varphi=0.8$，导线截面积小于 16mm² 时；

（2）当线路 $\cos\varphi=0.9$，导线截面积小于 25mm² 时。

2. 无功负荷为零的线路

当线路 $\cos\varphi=1$，无功负荷为零时，如白炽灯、卤化灯照明线路。

附 1.3.2　线路机械强度校验

初选导线截面按机械强度校验时，其最小允许截面按照【规范】的规定如附表 1-3-2 所示，即要求初选导线截面必须大于或等于表中所列最小截面值。

**机械强度要求的导线最小截面　　　附表 1-3-2**

| 敷设条件 | | 导线截面（mm²） | | 备注 |
|---|---|---|---|---|
| | | 铜线 | 铝线 | |
| 架空动力线的相线和零线 | | 10 | 16 | |
| 架空跨越铁路、公路、河流 | | 16 | 25 | |
| 接户线 | 架空敷设 | 4 | 6 | 敷设长度 10～25m |
| | | 2.5 | 4 | 敷设长度 10m 以下 |
| | 沿墙敷设 | 4 | 6 | 敷设长度 10～25m |
| | | 2.5 | 4 | 敷设长度 10m 以下 |
| 室内照明线 | | 1.5 | 2.5 | |
| 与电气设备相连的 PE 线 | | 2.5 | 不允许 | |
| 手持式用电设备 PE 线 | | 1.5 | 不允许 | |

附 1.3.3　线路工作制校验

所谓线路工作制校验，就是按线路工作制核准相线 L 截面和工作零线 N、保护零线 PE 截面之间的关系。

按照通用配线规则，架空线中各绝缘导线截面与线路工作制的关系为：三相四线制工作时，N线和PE线截面不小于相线（L线）截面的50%；单相线路的零线截面与相线截面相同。

附1.3.4 线路绝缘色选配

所谓线路绝缘色选配，就是指当施工现场的配电线路采用绝缘导线架空敷设时，用绝缘导线的绝缘色来标志其相序排列。

当线路绝缘色的选配用作标志线路相序时，必须遵从国家标准的统一规定，即：相线中L1（A相）线——黄色，L2（B相）线——绿色，L3（C相）线——红色；而零线中N线——淡蓝色，PE线——绿/黄双色。

## 附1.4 电力电缆与敷设相关的主要技术参数

附1.4.1 橡皮绝缘电力电缆在空气中敷设的载流量

橡皮绝缘电力电缆在空气中敷设的载流量，如附表1-4-1所示。

**橡皮绝缘电力电缆在空气中敷设的载流量 附表1-4-1**

（$T_0=25$℃、$T_m=65$℃）

| 主线芯数×截面（mm²） | 中性线芯截面（mm²） | 载流量（A） | | | |
|---|---|---|---|---|---|
| | | 铜芯 | | 铝芯 | |
| | | XV | XF XHF XQ XQ20 | XLV | XLF XLHF XLQ XLQ20 |
| 3×1.5 | 1.5 | 18 | 19 | | |
| 3×2.5 | 注3 | 24 | 25 | 19 | 21 |
| 3×4 | 2.5 | 32 | 34 | 25 | 27 |
| 3×6 | 4 | 40 | 44 | 32 | 35 |
| 3×10 | 6 | 57 | 60 | 45 | 48 |
| 3×16 | 6 | 76 | 81 | 59 | 64 |
| 3×25 | 10 | 101 | 107 | 79 | 85 |
| 3×35 | 10 | 124 | 131 | 97 | 85 |
| 3×50 | 16 | 158 | 170 | 124 | 133 |
| 3×70 | 25 | 191 | 205 | 150 | 161 |
| 3×95 | 35 | 234 | 251 | 184 | 197 |

续表

| 主线芯数×截面 (mm²) | 中性线芯截面 (mm²) | 载流量（A） | | | |
|---|---|---|---|---|---|
| | | 铜芯 | | 铝芯 | |
| | | XV | XF<br>XHF<br>XQ<br>XQ20 | XLV | XLF<br>XLHF<br>XLQ<br>XLQ20 |
| 3×120 | 35 | 269 | 289 | 212 | 227 |
| 3×150 | 50 | 311 | 337 | 245 | 263 |
| 3×185 | 50 | 359 | 388 | 284 | 303 |

注：1. $T_m$＝65℃为电缆芯线最高允许工作温度。
2. $T_0$＝25℃为周围环境温度。
3. 主芯线为 2.5mm² 的铝芯电缆，其中线截面仍为 2.5mm²；主芯线为 2.5mm² 的铜芯电缆，其中性线截面为 1.5mm²。
4. XLQ 型电缆最小尺寸为 3×4＋1×2.5。

附 1.4.2　通用橡套软电缆在空气中敷设的载流量

通用橡套软电缆在（25～40℃）不同环境温度空气中敷设时的载流量，如附表 1-4-2 所示。

**通用橡套软电缆在空气中敷设的载流量　　附表 1-4-2**

| 主线芯截面 (mm²) | 中性线截面 (mm²) | YC、YCW、YHC 型载流量（A） | | | | | | | |
|---|---|---|---|---|---|---|---|---|---|
| | | 二芯 | | | | 三芯、四芯 | | | |
| | | 25℃ | 30℃ | 35℃ | 40℃ | 25℃ | 30℃ | 35℃ | 40℃ |
| 2.5 | 1.5 | 30 | 28 | 25 | 23 | 26 | 24 | 22 | 20 |
| 4 | 2.5 | 39 | 36 | 33 | 30 | 34 | 31 | 29 | 23 |
| 6 | 4 | 51 | 47 | 44 | 40 | 43 | 40 | 37 | 34 |
| 10 | 6 | 74 | 69 | 64 | 58 | 63 | 58 | 54 | 49 |
| 16 | 6 | 98 | 91 | 84 | 77 | 84 | 78 | 72 | 66 |
| 25 | 10 | 135 | 126 | 116 | 106 | 115 | 107 | 99 | 90 |
| 35 | 10 | 167 | 156 | 144 | 132 | 142 | 132 | 122 | 112 |
| 50 | 16 | 208 | 194 | 179 | 164 | 176 | 164 | 152 | 139 |
| 70 | 25 | 259 | 242 | 224 | 204 | 224 | 209 | 193 | 177 |
| 95 | 35 | 318 | 297 | 275 | 251 | 273 | 255 | 236 | 215 |
| 120 | 35 | 371 | 346 | 320 | 293 | 316 | 295 | 273 | 249 |

注：1. 三芯线中一根芯线不载流时，其载流量按二芯电缆数据。
2. 表中的 25℃、30℃、35℃、40℃表示不同的环境空气温度。

附 1.4.3　五芯聚氯乙烯绝缘护套电力电缆在空气中敷设长期允许载流量

五芯聚氯乙烯绝缘护套阻燃型（ZR）和非阻燃型电力电缆在空气中敷设长期允许载流量，如附表 1-4-3 所示。

**五芯聚氯乙烯绝缘护套阻燃型（ZR）和非阻燃型电力电缆在空气中敷设长期允许载流量表　　附表 1-4-3**

| 标称截面（$mm^2$） | 长期连续负荷允许载流量参考值（A） | | | |
|---|---|---|---|---|
| | 无铠装 | | 铠装 | |
| | VV<br>ZR-VV | VLV<br>ZR-VLV | $VV_{22}$　$VV_{32}$　$VV_{42}$<br>ZR-$VV_{22}$　ZR-$VV_{32}$<br>ZR-$VV_{42}$ | $VLV_{22}$　$VLV_{32}$　$VLV_{42}$<br>ZR-$VLV_{22}$<br>ZR-$VLV_{32}$<br>ZR-$VLV_{42}$ |
| 4 | 22 | 17 | 25 | 17 |
| 6 | 32 | 23 | 32 | 22 |
| 10 | 44 | 30 | 44 | 29 |
| 16 | 55 | 41 | 58 | 41 |
| 25 | 74 | 53 | 75 | 56 |
| 35 | 90 | 68 | 94 | 68 |
| 50 | 113 | 83 | 116 | 86 |
| 70 | 139 | 105 | 143 | 105 |
| 95 | 173 | 128 | 176 | 131 |
| 120 | 199 | 146 | 203 | 150 |
| 150 | 225 | 169 | 233 | 173 |
| 185 | 263 | 195 | 266 | 199 |
| 240 | 311 | 233 | 315 | 236 |

注：1. 导体最高额定温度：$T_m$＝70℃，短路时 $T_{md}$＝130℃。

2. 表中型号说明："V"表示聚氯乙烯塑料，"ZR"表示阻燃，"22"表示钢带铠装，"32"表示细钢丝铠装，"42"表示粗钢丝铠装。"L"表示线芯为铝导体（无"L"型号的线芯为铜导体）。

附 1.4.4　五芯聚氯乙烯绝缘护套电力电缆直埋地敷设长期允许载流量

五芯聚氯乙烯绝缘护套阻燃型（ZR）和非阻燃型电力电缆直埋地敷设长期允许载流量，如附表 1-4-4 所示。

**五芯聚氯乙烯绝缘护套阻燃型（ZR）和非阻燃型电力电缆直埋地敷设长期允许载流量表　　附表 1-4-4**

| 标称截面（$mm^2$） | 长期连续负荷允许载流量参考值（A） | | | |
|---|---|---|---|---|
| | 无铠装 | | 铠装 | |
| | VV ZR-VV | VLV ZR-VLV | $VV_{22}$ $VV_{32}$ $VV_{42}$ ZR-$VV_{22}$ ZR-$VV_{32}$ ZR-$VV_{42}$ | $VLV_{22}$ $VLV_{32}$ $VLV_{42}$ ZR-$VLV_{22}$ ZR-$VLV_{32}$ ZR-$VLV_{42}$ |
| 4 | 27 | 20 | 32 | 20 |
| 6 | 34 | 26 | 40 | 26 |
| 10 | 44 | 35 | 53 | 35 |
| 16 | 67 | 54 | 69 | 51 |
| 25 | 91 | 67 | 91 | 67 |
| 35 | 109 | 81 | 109 | 81 |
| 50 | 130 | 95 | 130 | 98 |
| 70 | 158 | 116 | 158 | 119 |
| 95 | 189 | 140 | 189 | 140 |
| 120 | 217 | 161 | 217 | 161 |
| 150 | 242 | 179 | 242 | 182 |
| 185 | 273 | 203 | 273 | 203 |
| 240 | 319 | 238 | 319 | 238 |

注：1. 导体最高额定温度：$T_m=70℃$，短路时 $T_{md}=130℃$。

2. 表中型号说明："V"表示聚氯乙烯塑料，"ZR"表示阻燃，"22"表示钢带铠装，"32"表示细钢丝铠装，"42"表示粗钢丝铠装。"L"表示线芯为铝导体（无"L"型号的线芯为铜导体）。

附 1.4.5　五芯聚氯乙烯绝缘护套电力电缆的芯线结构

五芯聚氯乙烯绝缘护套阻燃型（ZR）和非阻燃型电力电缆的芯线结构分类，如附表 1-4-5 所示。

**五芯聚氯乙烯绝缘护套阻燃型（ZR）和非阻燃型电力电缆芯线结构分类表　　附表 1-4-5**

| 芯数结构形式 | 导体规格<br>主线芯 L<br>工作零线 N<br>保护零线 PE | 芯数结构形式 | 导体规格<br>主线芯 L<br>工作零线 N<br>保护零线 PE | 芯数结构形式 | 导体规格<br>主线芯 L<br>工作零线 N<br>保护零线 PE |
|---|---|---|---|---|---|
| 3+2（三大二小） | 3×4+2×2.5 | 4+1（四大一小） | 4×4+1×1.5 | 5（等截面） | 5×4 |
| | 3×6+2×4 | | 4×6+1×4 | | 5×6 |
| | 3×10+2×6 | | 4×10+1×6 | | 5×10 |
| | 3×16+2×10 | | 4×16+1×10 | | 5×16 |
| | 3×25+2×16 | | 4×25+1×16 | | 5×25 |
| | 3×35+2×16 | | 4×35+1×16 | | 5×35 |
| | 3×50+2×25 | | 4×50+1×25 | | 5×50 |
| | 3×70+2×35 | | 4×70+1×35 | | 5×70 |
| | 3×95+2×50 | | 4×95+1×50 | | 5×95 |
| | 3×120+2×70 | | 4×120+1×70 | | 5×120 |
| | 3×150+2×95 | | 4×150+1×95 | | 5×150 |
| | 3×185+2×95 | | 4×185+1×95 | | 5×185 |
| | 3×240+2×120 | | 4×240+1×120 | | 5×240 |

注：1. 芯线结构形式：3+2（三大二小）表示三条相线（3L）截面积相同，为相对大截面；二条零线（N、PE）截面积相同，为相对小截面。
2. 芯线结构形式：4+1（四大一小）表示三条相线与一条工作零线（3L、N）截面积相同，为相对大截面，一条保护零线（PE）为相对小截面。
3. 芯线结构形式：5（等截面）表示五条芯线（3L、N、PE）等截面。
4. 导线规格用截面积表示，单位为 $mm^2$。

附 1.4.6　五芯聚氯乙烯绝缘护套电力电缆的导体电阻

五芯聚氯乙烯绝缘护套阻燃型（ZR）和非阻燃型电力电缆的导体电阻值如附表 1-4-6 所示。

**五芯聚氯乙烯绝缘护套阻阻燃型（ZR）和非阻燃型电力电缆导体电阻**

**附表 1-4-6**

| 导体标称截面（$mm^2$） | 20℃时导体线芯最大直流电阻（Ω/km） | | 导体标称截面（$mm^2$） | 20℃时导体线芯最大直流电阻（Ω/km） | |
|---|---|---|---|---|---|
| | 铜 | 铝 | | 铜 | 铝 |
| 1.5 | — | — | 70 | 0.268 | 0.443 |
| 2.5 | 7.41 | — | 95 | 0.193 | 0.320 |
| 4 | 4.61 | 7.41 | 120 | 0.153 | 0.253 |
| 6 | 3.08 | 4.61 | 150 | 0.124 | 0.206 |
| 10 | 1.83 | 3.08 | 185 | 0.0991 | 0.164 |
| 16 | 1.15 | 1.91 | 240 | 0.0754 | 0.125 |
| 25 | 0.727 | 1.2 | 300 | 0.0601 | 0.100 |
| 35 | 0.524 | 0.868 | 400 | 0.0470 | 0.0778 |
| 50 | 0.387 | 0.641 | 500 | 0.0366 | 0.0605 |

附表 1-4-6 给出的五芯聚氯乙烯绝缘护套阻燃型（ZR）和非阻燃型电力电缆的导体电阻值，主要用于按电压偏移校验电缆的芯线截面。

电缆线路按电压偏移校验电缆芯线截面的要求和方法与架空线路按电压偏移校验导线截面的要求和方法基本上完全相同。不同点仅在于在计算电缆线路电压损失时，由于电缆线路的芯线间距很小，线路电抗较小，因而无功负荷及电抗引起的电压损失 $\Delta U_r\%$ 较小。通常对于三芯—五芯电缆，当电缆芯线标称截面小于或等于 $50mm^2$ 时，因其单位长度上的电抗很小而可略去不计，而当电缆芯线标称截面大于 $70mm^2$ 时，其单位长度上的电抗可近似取为 $X_0 \approx 0.07\Omega/km$。

电缆芯线截面除应按线路计算电流选择外，还应按机械强度进行校验。

按机械强度校验电缆芯线截面主要是针对架空电缆线路而言。强度检验可根据电缆材料、规格、重量、敷设档距等条件按力学方法计算。通常在按规定保持水平档距和垂直固定点的情况下，电缆能够承受得住自重带来的荷重，所以在不附加外力的情况下，可不做机械强度校验计算。而对于直埋地电缆来说，只要按前述规定要求敷设，就不会受到机械力损伤，所以不必进行机械强度校验。

# 附录 2　电器的选择和配置

说明：本附录首先介绍一些相关电器型号的涵义。然后以表格形式，集中介绍部分相关电器的主要技术规格，可供设计配电装置时选用。

## 附 2.1　相关电器型号的涵义

以下介绍几种相关隔离开关、断路器、漏电断路器、熔断器等电器型号涵义。

※ HD 型刀开关型号、涵义：

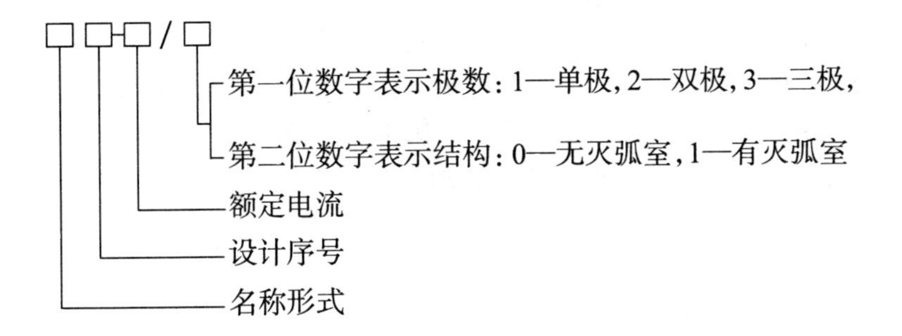


例：HD11-100/3 为开启式单投刀开关。(11) 中央手柄式，额定电流为 100A，3 极型。其中，操作方式除中央手柄式以外还有：12-侧方正面杠杆操作机构，13-中央正面杠杆操作机构，14-侧面手柄式。

※ DZ 型断路器型号、涵义：

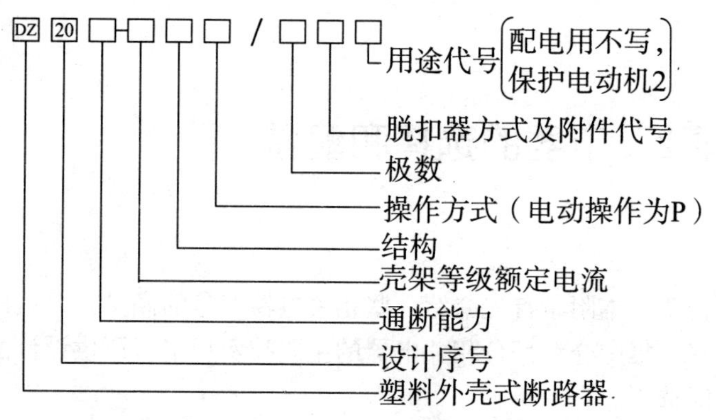


注：① 用途代号—配电用不写，保护电动机用写 2。

② 结构—K 表示连接板一体化，Z 表示插入式，W 表示无飞弧。

③ 通断能力—Y 表示一般，J 表示较高，H 表示高，G 表示最高。

例：DZ20Y-100/3300（32）W 为塑料外壳式断路器。设计序号 20，通断能力一般，壳架等级额定电流 100A，结构一般，手动操作，极数 3，复式脱扣器，配电用，额定电流 32A。

※ DZ 型漏电断路器型号、涵义

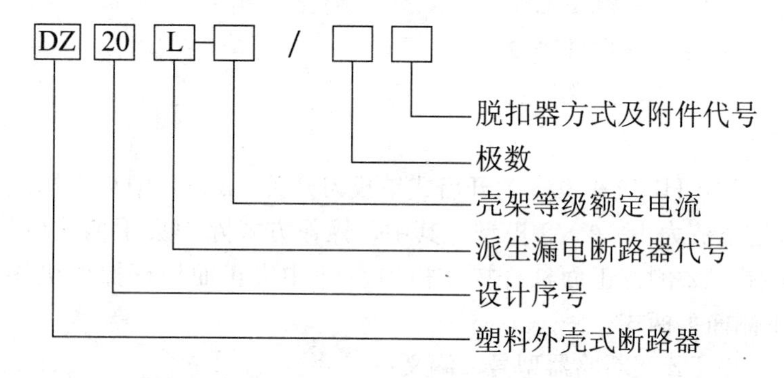


注：额定漏电动作电流和额定漏电动作时间在型号中不标注。

例：DZ20L-300（400）/3N 漏电断路器。壳架等级额定电流为 300A，断路器额定电流为 400A，极、线数为三极四线，额定漏电动作电流和额定漏电动作时间根据产品另附技术数据自选。

※ 熔断器型号涵义：

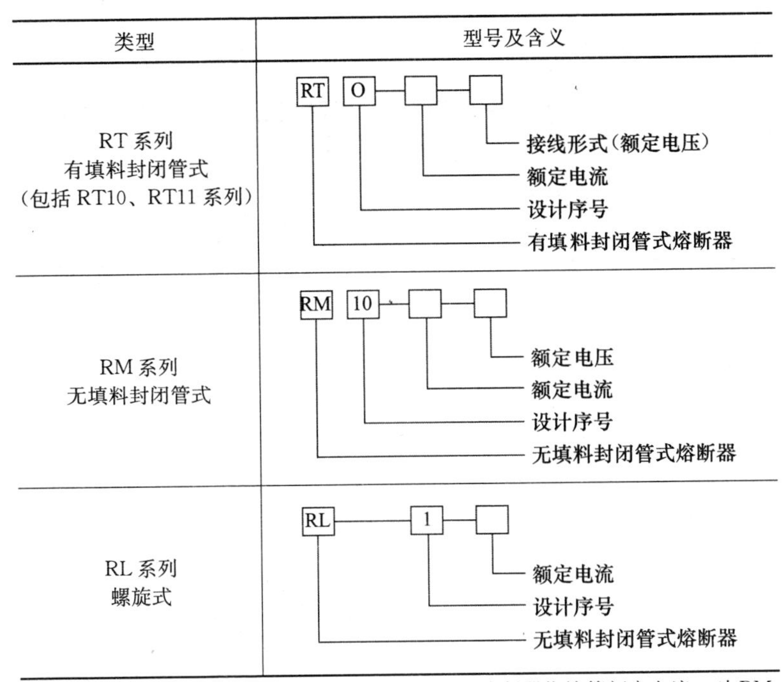

| 类型 | 型号及含义 |
|---|---|
| RT 系列<br>有填料封闭管式<br>（包括 RT10、RT11 系列） | RT O □-□<br>接线形式（额定电压）<br>额定电流<br>设计序号<br>有填料封闭管式熔断器 |
| RM 系列<br>无填料封闭管式 | RM 10 □-□<br>额定电压<br>额定电流<br>设计序号<br>无填料封闭管式熔断器 |
| RL 系列<br>螺旋式 | RL-1-□<br>额定电流<br>设计序号<br>无填料封闭管式熔断器 |

注：表中额定电流：对 RT0、RT10、RT11 型熔断器指熔管额定电流；对 RM、RL 型熔断器均指熔断器额定电流（非熔体额定电流）。

※ DZ 型透明罩漏电断路器型号、涵义：

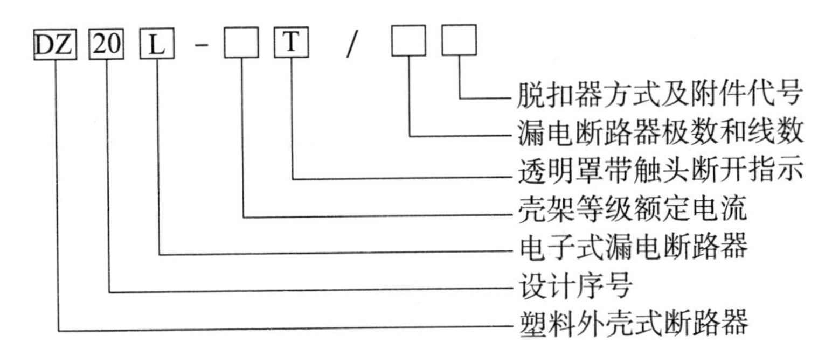

注：配电保护以1表示，电动机保护用以2表示。

## 附2.2 相关电器的主要技术规格

以下主要介绍几种相关断路器、漏电断路器、隔离开关、熔断器等的主要技术数据。

### 附2.2.1 断路器

**DZ20系列断路器的主要技术数据　　附表2-2-1**

| 型号 | 额定电流（A） | 额定电压（V） | 额定极限短路分断能力(kA) | 额定短路运行分断能力(kA) | 机械寿命（次） | |
|---|---|---|---|---|---|---|
| DZ20H-100 | 16，20，32，40，50<br>63，80，100 | 400 | 35 | 17.5 | 4000 | 4000 |
| DZ20H-225 | 100，125，140，160<br>180，200，225 | 400 | 35 | 17.5 | 2000 | 4000 |
| DZ20H-630 | 250，315，350<br>400，500，630 | 400 | 50 | 25 | 1000 | 4000 |
| DZ20Y-100T | 16，20，32，40<br>50，63，80，100 | 400 | 18 | 9 | 4000 | 4000 |
| DZ20Y-200T | 100，125，160<br>180，200，225 | 400 | 25 | 12 | 2000 | 4000 |
| DZ20Y-400T | 250，315<br>350，400 | 400 | 30 | 15 | 1000 | 4000 |
| DZ20Y-630T | 250，315，350<br>400，500，630 | 400 | 30 | 15 | 1000 | 4000 |
| DZ20J-100 | 16，20，32，40<br>50，63，80，100 | 400 | 35 | 17 | 4000 | 4000 |
| DZ20J-200 | 100，125，160<br>180，200，225 | 400 | 42 | 21 | 2000 | 4000 |
| DZ20J-400 | 250，315<br>350，400 | 400 | 42 | 21 | 1000 | 4000 |
| DZ20J-630 | 250，315，350<br>400，500，630 | 400 | 42 | 21 | 1000 | 4000 |

续表

| 型号 | 额定电流（A） | 额定电压（V） | 额定极限短路分断能力(kA) | 额定短路运行分断能力(kA) | 机械寿命（次） | |
|---|---|---|---|---|---|---|
| DZ20J-100W | 16，20，32，40<br>50，63，80，100 | 400 | 35 | 17.5 | 4000 | 4000 |
| DZ20J-250W | 100，125，160<br>180，200，250 | 400 | 42 | 21 | 2000 | 4000 |
| DZ20J-400W | 250，315<br>350，400 | 400 | 42 | 21 | 1000 | 4000 |
| DZ20J-630W | 250，315，350<br>400，500，630 | 400 | 42 | 21 | 1000 | 4000 |
| DZ20G-100 | 16，20，32，40<br>50，63，80，100 | 400 | 100 | 50 | 4000 | 4000 |
| DZ20G-200 | 100，125，160<br>180，200，225 | 400 | 100 | 50 | 2000 | 6000 |
| DZ20G-400 | 250，315.350，400 | 400 | 100 | 50 | 1000 | 4000 |
| DZ20G-1250 | 800，1000，1250 | 400 | 65 | 32.5 | 500 | 2500 |

注：本表型号栏中，带T字的表示透明塑料外壳式断路器，带有触头断开指示装置，并通过了国家标准对隔离器相关试验，亦可作隔离开关使用。

**DZ20系列断路器的配电用反时限保护特性　附表2-2-2**

<table>
<tr><th rowspan="3">试验名称</th><th rowspan="3">整定电流倍数</th><th colspan="6">约定时间</th><th rowspan="3">起始状态</th></tr>
<tr><th colspan="2">$I_{nm}=100$（A）</th><th colspan="4">$I_{nm}$（A）</th></tr>
<tr><th>$I_n<63$</th><th>$100>I_n>63$</th><th>200</th><th>400</th><th>630</th><th>1250</th></tr>
<tr><td>约定不脱扣电流</td><td>1.05</td><td>1h</td><td>2h</td><td colspan="4">2h</td><td>冷</td></tr>
<tr><td rowspan="2">约定脱扣电流</td><td>1.25</td><td></td><td></td><td colspan="4">2h</td><td rowspan="2">热</td></tr>
<tr><td>1.35</td><td>1h</td><td></td><td colspan="4"></td></tr>
<tr><td>可返回电流</td><td>3.0</td><td>5s</td><td>8s</td><td colspan="2">8s</td><td colspan="2">12s</td><td>冷</td></tr>
</table>

注：$I_{nm}$—断路器最大整定电流，或额定电流等级；$I_n$—断路器的额定电流。

### DZ20 系列断路器的电动机保护用反时限保护特性

附表 2-2-3

| 试验名称 | 整定电流倍数 | 约定时间 | | | | 起始状态 |
|---|---|---|---|---|---|---|
| | | $I_{nm}$=100（A） | | $I_{nm}$（A） | | |
| | | $I_n$<63 | 100>$I_n$>63 | 200 | 400 | |
| 约定不脱扣电流 | 1.05 | 2h | | 2h | | 冷 |
| 约定脱扣电流 | 1.20 | 2h | | 2h | | |
| 可返回电流 | 7.2 | 3s | 5s | 5s | 8s | 冷 |

注：$I_{nm}$—脱扣器最大整定电流，或额定电流等级；$I_n$—断路器的额定电流。

### KDMI 系列透明塑料外壳断路器的技术数据 附表 2-2-4

| 型号 | 额定电流（A） | 额定电压（V） | 额定极限短路分断能力（kA） | 额定运行短路分断能力（kA） | 机械寿命 | |
|---|---|---|---|---|---|---|
| | | | | | 通电操作次数 | 不通电操作次数 |
| KDMI-40T | 6，10，16，20，25，32，40 | 220/380 | 3 | 3 | 4000 | 5000 |
| KDMI-100T | 40，50，63，80，100 | 220/380 | 5 | 5 | 6000 | 10000 |

### KDMI 系列透明塑料外壳断路器的保护特性 附表 2-2-5

| 试验名称 | 配电用反时限特性 | | | | 电动机保护用反时限特性 | | | |
|---|---|---|---|---|---|---|---|---|
| | 额定电流倍数 | 约定时间 | | 起始状态 | 额定电流倍数 | 约定时间 | | 起始状态 |
| | | $I_n$<63 | 100>$I_n$>63 | | | $I_n$<63 | 100>$I_n$>63 | |
| 约定不脱扣电流 | 1.05 | 1h | 2h | 冷 | 1.05 | 1h | 2h | 冷 |
| 约定脱扣电流 | 1.30 | 1h | 2h | 热 | 1.25 | 1h | 2h | 热 |

注：KDMI 透明塑料外壳断路器带有触头断开指示装置，并通过了国家标准对隔离器相关试验，亦可作隔离开关使用。

KDMI—□T 透明塑料外壳断路器型号具体含义如下：

KD—企业代码；

M—塑料外壳式断路器；

1—设计序号；

□—额定电流等级；

T—透明外壳。

附 2.2.2 漏电断路器

**DZ15L 系列漏电断路器技术数据　　附表 2-2-6**

| 型号 | 额定电压（V） | 壳架额定电流（A） | 极数 | 过流脱扣器额定电流 $I_n$（A） | 额定漏电动作电流（mA） | 额定漏电动作时间（s） | 额定短路通断能力（A） |
|---|---|---|---|---|---|---|---|
| DZ15L-40/390<br>DZ15LE-40/390 | 380 | 40 | 3 | 6，10<br>16，20<br>25，32<br>40 | 30<br>50<br>75 | ≤0.1 | 3000 |
| DZ15L-40/390<br>DZ15LE-40/390 | | | 4 | | 50<br>75<br>100 | | |
| DZ15L-63/390 | 380 | 63 | 3 | 10，16<br>20，25<br>32，40<br>50，63 | 30<br>50<br>25 | ≤0.1 | 5000 |
| DZ15LE-63/390 | | | | | 50<br>75<br>100 | | |
| DZ15L-63/490<br>DZ15LE-63/490 | | | 4 | 10，16<br>20，25<br>32，40<br>50，63 | 50<br>75<br>100 | | |
| DZ15L-100/390 | 380 | | 3 | 80，100 | 50<br>75<br>100 | ≤0.1 | 6000 |
| DZ15L-100/490 | | | 4 | | | | |
| DZ15LE-100/490 | 380 | 100 | 4 | 80，100 | 50<br>75<br>100 | ≤0.1 | 6000 |

注：1. $I_n$ 为脱扣器额定电流。

2. 带有缺相保护的漏电断路器，当电源一相发生断电时，能在 10s 内动作切断主电路。

3. 该漏电断路器由 DZ15 型断路器、零序电流互感器、电子组件板、漏电脱扣器及试验回路等部分组成。

4. 该漏电断路器可用于配电线路和电动机回路保护。

5. 额定漏电不动作电流 $I_{\Delta no}$值为额定漏电动作电流 $I_{\Delta n}$值的 1/2。

## DZ15L 系列漏电断路器过电流脱扣器保护特性

**附表 2-2-7**

| 配电保护用 | | | 电动机保护用 | | |
|---|---|---|---|---|---|
| 试验电流 | 动作时间 | 起终状态 | 试验电流 | 动作时间 | 起终状态 |
| $I_n$ | 不动作 | 冷 | $I_n$ | 不动作 | 冷 |
| $1.3I_n$ | <1h | 热 | $1.2I_n$ | <20min | 热 |
| $2I_n$ | <4min | 热 | $1.5I_n$ | <3min | 热 |
| $3I_n$ | 可返回时间≥1s | 热 | $6I_n$ | 可返回时间≥1s | 热 |
| $10I_n$ | <0.2s | 冷 | $12I_n$ | <0.2s | 冷 |

## DZL117 系列漏电断路器技术数据　　附表 2-2-8

| 额定电压（V） | 额定电流（A） | 极数 | 过流脱扣器额定电流（A） | 额定漏电动作电流（mA） | 额定漏电不动作电流（mA） | 漏电动作时间（s） |
|---|---|---|---|---|---|---|
| 220<br>380<br>380/415 | 40 | 1P+漏电<br>2P+漏电<br>3P+漏电 | 10，16，20 | 30 | 15 | 0.1 |
| | | | 25，32，40 | 50 | 25 | |

注：该漏电断路保护器可用于照明回路过载、短路、漏电及过电压保护。

## FIN-100 系列漏电开关技术数据　　附表 2-2-9

| 型号 | 额定电压（V） | 额定电流（A） | 额定漏电电流（mA） | | 断开时间（s） | 接通分断电流（A） |
|---|---|---|---|---|---|---|
| | | | 动作电流 | 不动作电流 | | |
| FIN-102<br>1P | 220 | 16 | 15，30 | 7.5，15 | <0.1 | 500 |
| | | 25 | 30，50，100 | 15，25，50 | <0.1 | 500 |
| | | 32 | | | | |
| | | 40 | | | | |
| | | 63 | 30，50<br>75，100 | 15，25<br>40，50 | <0.1 | 1000 |
| FIN-103<br>3P | 380 | 25 | 30，50<br>75，100 | 15，25<br>40，50 | <0.1 | 500 |
| | | 32 | | | | |
| | | 40 | | | | |
| | | 63 | 30，50<br>75，100 | 15，25<br>40，50 | <0.1 | 1000 |

续表

| 型号 | 额定电压（V） | 额定电流（A） | 额定漏电电流（mA） | | 断开时间（s） | 接通分断电流（A） |
|---|---|---|---|---|---|---|
| | | | 动作电流 | 不动作电流 | | |
| FIN-104 3P+N | 220/380 | 25 | 30，50 75，100 | 15，25 40，50 | <0.1 | 500 |
| | | 32 | | | | |
| | | 40 | | | | |
| | | 63 | 30，50 75，100 | 15，25 40，50 | <0.1 | 1000 |

注：1. 该漏电开关属于电磁式电流动作型。
2. 该漏电开关仅作为线路和设备漏电保护之用。

**DZ20L、DZ23L、DZL25-200 型漏电断路器技术数据**

**附表 2-2-10**

| 型号 | | DZ20L-100 | DZ20L-200 | DZ20L-300 | DZ23L | DZL25-200 |
|---|---|---|---|---|---|---|
| 极数 | | 3.3N | 3.3N | 3.3N | 1P+N 2P 2P+N 3P 3P+N | 3.3N |
| 额定电流（A） | | 16，20，32 40，50，63 80，100 | 100，125 160，180 200，225 | 200，250 315，350 400 | 6，10 16，20 25，32 40 | 100，125 160，180 200 |
| 额定电压（V） | | 380 | 380 | 380 | 220/380 | 380 |
| 额定分断能力（kA） | | 18 | 25 | 30 | 额定短路能力 6 | — |
| 额定漏电动作电流（mA） | | 30，50/100/200 200/300/500 | 50/100/200 200/300/500 | 50/100/200 200/300/500 | 30，50 75 | 50，100 200 |
| 额定漏电动作时间（s） | 快速型 | <0.1 | <0.1 | <0.1 | — | ≤0.1 |
| | 延时型 | 0.2 | 0.2 | 0.2 | — | 0.2，0.4 |

注：1. 该断路器具有漏电、过载、短路、欠压保护功能，作为线路不频繁操作之用。
2. “额定电流”即“脱扣器额定电流”。
3. “额定分断能力”即“额定极限分断能力”，电源条件是 AC380V。

**KL200 系列漏电开关技术数据　　附表 2-2-11**

| 型号 | KL-202 | KL-203 | KL-204 |
| --- | --- | --- | --- |
| 极数 | 2 | 3 | 4 |
| 额定电压（V） | 220（240） | 220/380，240/415 | |
| 额定电流 $I_n$（A） | 20，25，32，40，50，63 | | |
| 额定漏电动作电流 $I_{\Delta n}$（A） | 0.015，0.03，0.05，0.1，0.3 | | |
| 开关动作时间（s） | （$I_{\Delta n}$）0.1 | （$5I_{\Delta n}$或 0.25A）0.04 | |
| 额定接通和分断能力（A） | | 500 | |

**KDMIL 系列漏电断路器技术数据　　附表 2-2-12**

| 型号 | | KDMIL—40T | KDMIL—100T |
| --- | --- | --- | --- |
| 极数 | | 2，3，4 | |
| 额定电压（V） | | 220/380 | |
| 额定电流 $I_n$（A） | | 10，16，20，25，32，40 | 63，80，100 |
| 额定漏电动作电流 $I_{\Delta n}$（mA） | | 15，30，50 | 30，50，75 |
| 额定漏电不动作电流 $I_{\Delta no}$（mA） | | $0.5I_{\Delta n}$ | |
| 开关动作时间 | $I_{\Delta n}$ | 0.1 | |
| | $5I_{\Delta n}$或 0.25A | 0.04 | 0.04 |
| 额定接通和分断能力（A） | | 3000 | 5000 |
| 额定限制短路电流（A） | | 3000 | 5000 |
| 平衡负载或不平衡负载不动作电流极限值 | | $8I_n$ | $8I_n$ |
| 安装形式 | | 固定安装 | |

KDMIL 系列漏电断路器是一种新型断路器，适用于交流电压 220V/380V，50Hz，电流至 100A 的配电系统中，是集漏电保护、过载保护、短路保护、电源隔离功能于一体的组合式电器。其主要性能和特点是：

① 在结构上，KDMIL 系列漏电断路器的上盖采用新型透明树脂材料制作而成，其分断时具有可见分断点，并且带有触头断开指示装置。因而兼有电源隔离功能，可起到电源隔离开关的作用。

② 在功能上，KDMIL 系列漏电断路器具有漏电保护、过载保护、短路保护、电源隔离综合功能，用于配电系统中可简化系统电器配置结构，方便使用和维护。

③ 在可靠性上，KDMIL 系列漏电断路器属于电子式漏电断路器，当漏电断路器自身的辅助电源因配电线路的故障而发生故障时，漏电断路器能自动断开，分断电路，因而其保护功能是可靠的。

KDMIL 系列漏电断路器型号及其含义如下。

型号：KDMIL—□T

其中，KD—企业代码；

M—塑料外壳式断路器；

1—设计序号；

L—漏电保护；

□—壳架等级额定电流；

T—透明外壳。

附 2.2.3 隔离开关与隔离器

**HD 型刀开关规格及主要技术数据（部分）附表 2-2-13**

| 型号 | 额定电压 $U_n$（V） | 额定电流 $I_n$（A） | 极数 | 电动稳定电流峰值 $I_m$（kA） | 热稳定电流有效值 $I_r$（kA） |
|---|---|---|---|---|---|
| HD11-100 | 380 | 100 | 1～3 | 15 | 6 |
| HD11-200 | 380 | 200 | 1～3 | 20 | 10 |
| HD11-400 | 380 | 400 | 1～3 | 30 | 20 |
| HD11-600 | 380 | 600 | 1～3 | 45 | 25 |
| HD11-1000 | 380 | 1000 | 1～3 | 50 | 30 |

注：1. 表中所列刀开关均为手柄式。

2. 装有灭弧室时，可用作正常不频繁接通、分断负载电路；配备熔断器时具有短路、过载保护功能。

**HG1 系列熔断器式隔离器的主要技术数据 附表 2-2-14**

| 型号 | 额定电压 $U_n$（V） | 额定电流 $I_n$（A） | 配用熔体额定电流（A） |
|---|---|---|---|
| HG1-20 | 380 | 20 | 2、4、6、10、16、20 |
| HG1-32 | 380 | 32 | 2、4、6、10、16、20、25、32 |
| HG1-63 | 380 | 63 | 10、16、20、25、32、40、50、63 |

注：该隔离器除具有主触头外，还具有辅助触头。主触头与辅助触头的接通与分断次序如下：
① 合闸时，动、静主触头先接通，动、静辅助触头后接通；
② 分闸时，动、静辅助触头先分断，动、静主触头后分断。
如将其串联在控制电路中，可实现无载通断主电路。若不与控制电路相联系，则必须在空载状态下接通、分断电路。

附 2.2.4 熔断器

适合于施工现场用电工程配电系统的熔断器主要类型可有：RT0 系列有填料封闭管式熔断器，RT10、RT10、RT11 系列有填料封闭管式熔断器，RM 系列无填料封闭管式熔断器，RL 系列螺旋式熔断器等，各类型熔断器型号含义、技术数据及其适用场合如附表 2-2-15～附表 2-2-18 所示。

**RM10 系列熔断器技术数据 附表 2-2-15**

| 额定电流（A） | | 极限分断能力（A） |
|---|---|---|
| 熔断器 | 管内熔体 | |
| 15 | 5，10，15 | 1200 |
| 60 | 15，20，25，35，45，60 | 3500 |
| 100 | 60，80，100 | 10000 |
| 200 | 100，125，160，200 | 10000 |
| 350 | 200，225，260，300，350 | 10000 |
| 800 | 350，430，500，600 | 10000 |
| 1000 | 600，700，850，1000 | 12000 |

**RL1B、RL6、RL7 系列熔断器技术数据　附表 2-2-16**

| 型号 | 额定电压（V） | 额定电流（A） | | 分断能力 | |
|---|---|---|---|---|---|
| | | 熔断器 | 熔体 | 额定分断电流（kA） | cosφ |
| RL1B | 380 | 15 | 2，4，5，6，10，15 | 25 | 0.35 |
| | | 60 | 20，25，30，35，40，50，60 | 25 | 0.35 |
| | | 100 | 60，80，100 | 50 | 0.25 |
| RL6-25 | 500 | 25 | 2，4，6，10，16，20，25 | 50 | 0.1～0.2 |
| RL6-63 | | 63 | 35，50，63 | | |
| RL6-100 | | 100 | 80，100 | | |
| RL6-200 | | 200 | 125，160，200 | | |
| RL7-25 | 660 | 25 | 2，4，6，10，16，20，25 | 25 | 0.1～0.2 |
| RL7-63 | | 63 | 35，50，63 | | |
| RL7-100 | | 100 | 80，100 | | |

注：1. RL1B 系列熔断器装有微动开关，是一种具有断相保护功能的螺旋式熔断器。
2. RL6、RL7 系列熔断器性能优于 RL1 系列熔断器。

**RL1 系列螺旋式熔断器技术数据　　附表 2-2-17**

| 型号 | 熔断器额定电流（A） | 熔断器额定电压（V） | 熔体额定电流等级（A） | 最大分断电流（kA）cosφ=0.25～380V |
|---|---|---|---|---|
| RL1-15 | 15 | ～380 或 －440 | 2，4，5，6，10，15 | 25 |
| RL1-60 | 60 | | 20，25，30，35，40，50，60 | 50 |
| RL1-100 | 100 | | 60，80，100 | |
| RL1-200 | 200 | | 100，125，150，200 | |

**RT 系列熔断器技术数据　　附表 2-2-18**

| 型号 | 额定电压（V） | 额定电流（A） | | 分断能力（kA） | |
|---|---|---|---|---|---|
| | | 熔断器 | 熔体 | ～380V | －440V |
| RT0 | ～380 或 －440 | 50 | 5，10，15，20，30，40，50 | 50（有效值） | 25 |
| | | 100 | 30，40，50，60，80，100 | | |
| | | 200 | 80，100，120，150，200 | | |
| | | 400 | 150，200，250，300，350，400 | | |
| | | 600 | 350，400，450，500，550，600 | | |
| | | 1000 | 700，800，900，1000 | | |

续表

| 型号 | 额定电压（V） | 额定电流（A） | | 分断能力（kA） | |
|---|---|---|---|---|---|
| | | 熔断器 | 熔体 | ～380V | －440V |
| RT10 | ～500<br>或<br>－500 | 20<br>30<br>60<br>100 | 6，10，15，20<br>20，25，30<br>30，40，50，60<br>60，80，100 | cosφ＝0.25<br>5<br>（有效值） | |
| RT11 | ～500<br>或<br>－500 | 100<br>200<br>300<br>400 | 60，80，100<br>100，120，150，200<br>200，250，300<br>33，350，400 | 50 | 25 |
| RT12 | ～415 | 20<br>32<br>63<br>100 | 2，4，10，16，20<br>20，25，32<br>32，40，50，63<br>63，80，100 | cosφ＝0.1<br>～0.2<br>80 | |

注：表中分断能力：RT10、RT10、RT11 为极限分断能力，RT12 为额定分断能力。

在附表 2-2-17 和附表 2-2-18 中，“～”表示“交流”，“－”表示“直流”。

# 附录 3　全国年平均雷暴日数

全国主要城镇年平均雷暴日数

| 序号 | 地名 | 雷暴日数（d/a） | 序号 | 地名 | 雷暴日数（d/a） |
|---|---|---|---|---|---|
| 1 | 北京市 | 35.6 | | 海拉尔市 | 30.1 |
| 2 | 天津市 | 28.2 | | 东乌珠穆沁旗 | 32.4 |
| 3 | 河北省 | | | 锡林浩特市 | 32.1 |
| | 石家庄市 | 31.5 | | 通辽市 | 27.9 |
| | 唐山市 | 32.7 | | 东胜市 | 34.8 |
| | 邢台市 | 30.2 | | 杭锦后旗 | 24.1 |
| | 保定市 | 30.7 | | 集宁市 | 43.3 |
| | 张家口市 | 40.3 | 6 | 辽宁省 | |
| | 承德市 | 43.7 | | 沈阳市 | 27.1 |
| | 秦皇岛市 | 34.7 | | 大连市 | 19.2 |
| | 沧州市 | 31.0 | | 鞍山市 | 26.9 |
| 4 | 山西省 | | | 本溪市 | 33.7 |
| | 太原市 | 36.4 | | 丹东市 | 26.9 |
| | 大同市 | 42.3 | | 锦州市 | 28.8 |
| | 阳泉市 | 40.0 | | 营口市 | 28.2 |
| | 长治市 | 33.7 | | 阜新市 | 28.6 |
| | 临汾市 | 32.0 | 7 | 吉林省 | |
| 5 | 内蒙古自治区 | | | 长春市 | 36.6 |
| | 呼和浩特市 | 37.5 | | 吉林市 | 40.5 |
| | 包头市 | 34.7 | | 四平市 | 33.7 |
| | 乌海市 | 16.6 | | 通化市 | 36.7 |
| | 赤峰市 | 32.4 | | 图们市 | 23.8 |
| | 二连浩特市 | 22.9 | | 白城市 | 30.0 |

续表

| 序号 | 地名 | 雷暴日数（d/a） | 序号 | 地名 | 雷暴日数（d/a） |
|---|---|---|---|---|---|
| | 天池 | 29.0 | | 衢州市 | 57.6 |
| 8 | 黑龙江省 | | 12 | 安徽省 | |
| | 哈尔滨市 | 30.9 | | 合肥市 | 30.1 |
| | 齐齐哈尔市 | 27.7 | | 芜湖市 | 34.6 |
| | 双鸭山市 | 29.8 | | 蚌埠市 | 31.4 |
| | 大庆市（安达） | 31.9 | | 安庆市 | 44.3 |
| | 牡丹江市 | 27.5 | | 铜陵市 | 41.1 |
| | 佳木斯市 | 32.2 | | 屯溪市 | 60.8 |
| | 伊春市 | 35.4 | | 阜阳市 | 31.9 |
| | 绥芬河市 | 27.5 | 13 | 福建省 | |
| | 嫩江市 | 31.8 | | 福州市 | 57.6 |
| | 漠河乡 | 36.6 | | 厦门市 | 47.4 |
| | 黑河市 | 31.2 | | 莆田市 | 43.2 |
| | 嘉荫县 | 32.9 | | 三明市 | 67.5 |
| | 铁力县 | 36.5 | | 龙岩市 | 74.1 |
| 9 | 上海市 | 30.1 | | 宁德县 | 55.8 |
| 10 | 江苏省 | | | 建阳县 | 65.3 |
| | 南京市 | 35.1 | 14 | 江西省 | |
| | 连云港市 | 29.6 | | 南昌市 | 58.5 |
| | 徐州市 | 29.4 | | 景德镇市 | 59.2 |
| | 常州市 | 35.7 | | 九江市 | 45.7 |
| | 南通市 | 35.6 | | 新余市 | 59.4 |
| | 淮阴市 | 37.8 | | 鹰潭市 | 70.0 |
| | 扬州市 | 34.7 | | 赣州市 | 67.2 |
| | 盐城市 | 34.0 | | 广昌县 | 70.7 |
| | 苏州市 | 28.1 | 15 | 山东省 | |
| | 泰州市 | 37.1 | | 济南市 | 26.3 |
| 11 | 浙江省 | | | 青岛市 | 23.1 |
| | 杭州市 | 40.0 | | 淄博市 | 31.5 |
| | 宁波市 | 40.0 | | 枣庄市 | 32.7 |
| | 温州市 | 51.0 | | 东营市 | 32.2 |

续表

| 序号 | 地名 | 雷暴日数（d/a） |
|---|---|---|
| | 潍坊市 | 28.4 |
| | 烟台市 | 23.2 |
| | 济宁市 | 29.1 |
| | 日照市 | 29.1 |
| 16 | 河南省 | |
| | 郑州市 | 22.6 |
| | 开封市 | 22.0 |
| | 洛阳市 | 24.8 |
| | 平顶山市 | 22.0 |
| | 焦作市 | 26.4 |
| | 安阳市 | 28.6 |
| | 濮阳市 | 28.0 |
| | 信阳市 | 28.7 |
| | 南阳市 | 29.0 |
| | 商丘市 | 26.9 |
| | 三门峡市 | 24.3 |
| 17 | 湖北省 | |
| | 武汉市 | 37.8 |
| | 黄石市 | 50.4 |
| | 十堰市 | 18.7 |
| | 沙市市 | 38.9 |
| | 宜昌市 | 44.6 |
| | 襄樊市 | 28.1 |
| | 恩施市 | 49.7 |
| 18 | 湖南省 | |
| | 长沙市 | 49.5 |
| | 株洲市 | 50.0 |
| | 衡阳市 | 55.1 |
| | 邵阳市 | 57.0 |
| | 岳阳市 | 42.4 |
| | 大庸市 | 48.3 |
| | 益阳市 | 47.3 |
| | 永州市（零陵） | 64.9 |
| | 怀化市 | 49.9 |

| 序号 | 地名 | 雷暴日数（d/a） |
|---|---|---|
| | 郴州市 | 61.5 |
| | 常德市 | 49.7 |
| 19 | 广东省 | |
| | 广州市 | 81.3 |
| | 汕头市 | 52.6 |
| | 湛江市 | 94.6 |
| | 茂名市 | 94.4 |
| | 深圳市 | 73.9 |
| | 珠海市 | 64.2 |
| | 韶关市 | 78.6 |
| | 梅县市 | 80.4 |
| 20 | 广西壮族自治区 | |
| | 南宁市 | 91.8 |
| | 柳州市 | 67.3 |
| | 桂林市 | 78.2 |
| | 梧州市 | 93.5 |
| | 北海市 | 83.1 |
| | 百色市 | 76.9 |
| | 凭祥市 | 83.4 |
| 21 | 重庆市 | 36.0 |
| 22 | 四川省 | |
| | 成都市 | 35.1 |
| | 自贡市 | 37.6 |
| | 攀枝花市 | 66.3 |
| | 泸州市 | 39.1 |
| | 乐山市 | 42.9 |
| | 绵阳市 | 34.9 |
| | 达州市 | 37.4 |
| | 西昌市 | 73.2 |
| | 甘孜县 | 80.7 |
| | 西阳土家族自治县苗族自治县 | 52.6 |
| 23 | 贵州省 | |
| | 贵阳市 | 51.8 |

续表

| 序号 | 地名 | 雷暴日数（d/a） |
|---|---|---|
| | 六盘水市 | 68.0 |
| | 遵义市 | 53.3 |
| 24 | 云南省 | |
| | 昆明市 | 66.6 |
| | 东川市 | 52.4 |
| | 个旧市 | 50.2 |
| | 大理市 | 49.8 |
| | 景洪县 | 120.8 |
| | 昭通县 | 56.0 |
| | 丽江纳西族自治县 | 75.6 |
| 25 | 西藏自治区 | |
| | 拉萨市 | 73.2 |
| | 日喀则县 | 78.8 |
| | 昌都县 | 57.1 |
| | 林芝县 | 31.9 |
| | 那曲县 | 85.2 |
| 26 | 陕西省 | |
| | 西安市 | 17.3 |
| | 宝鸡市 | 19.7 |
| | 铜川市 | 30.4 |
| | 渭南市 | 22.1 |
| | 汉中市 | 31.4 |
| | 榆林县 | 29.9 |
| | 安康县 | 32.3 |
| 27 | 甘肃省 | |
| | 兰州市 | 23.6 |
| | 金昌市 | 19.6 |
| | 白银市 | 24.2 |
| | 天水市 | 16.3 |
| | 酒泉市 | 12.9 |
| | 敦煌市 | 5.1 |
| | 靖远县 | 23.9 |
| | 窑街 | 30.2 |
| 28 | 青海省 | |
| | 西宁市 | 32.9 |
| | 格尔木市 | 2.3 |
| | 德令哈市 | 19.8 |
| | 化隆回族自治区 | 50.1 |
| | 茶卡 | 27.2 |
| 29 | 宁夏回族自治区 | |
| | 银川市 | 19.7 |
| | 石嘴山市 | 24.0 |
| | 固原县 | 31.0 |
| 30 | 新疆维吾尔自治区 | |
| | 乌鲁木齐市 | 9.3 |
| | 克拉玛依市 | 31.3 |
| | 石河子市 | 17.0 |
| | 伊宁市 | 27.2 |
| | 哈密市 | 6.9 |
| | 库尔勒市 | 21.6 |
| | 喀什市 | 20.0 |
| | 奎屯市 | 21.0 |
| | 吐鲁番市 | 9.9 |
| | 且末县 | 6.0 |
| | 和田市 | 3.2 |
| | 阿克苏市 | 33.1 |
| | 阿勒泰市 | 21.6 |
| 31 | 海南省 | |
| | 海口市 | 114.4 |
| 32 | 台湾省 | |
| | 台北市 | 27.9 |
| 33 | 香港 | 34.0 |
| 34 | 澳门 | |

注：a表示年，d表示日。

# 附录 4　临时用电组织设计的管理

## 附 4.1　施工现场临时用电组织设计（方案）的编、审、批程序

### 附 4.1.1　施工现场临时用电组织设计（方案）的编制

（1）编制时间

工程投标时，编制初步用电组织设计（初步用电方案）；

工程中标后，编制实际详细用电组织设计（用电方案）。

（2）编制人

由电气工程技术人员组织编制，编制主持人应具备建筑电气设计能力，并熟悉《施工现场临时用电安全技术规范》JGJ 46—2005 及相关电气规范、标准，熟悉施工现场施工作业实际，参与人员中可包括有经验的专业电工，以及其他相关人员。

（3）编制内容

应符合《施工现场临时用电安全技术规范》JGJ 46—2005 第 3.1.2 条要求。

（4）编制目的

作为构建、使用施工现场临时用电工程或系统的依据。

### 附 4.1.2　施工现场临时用电组织设计（方案）的审核

施工现场临时用电组织设计（方案）编制完成后，首先要经过相关部门审核，参与审核的部门应是安全、技术、设备、施工、材料、监理等，同时履行审核签字手续。

### 附 4.1.3　施工现场临时用电组织设计（方案）的批准

施工现场临时用电组织设计（方案）履行审核签字程序后，应交由相关具有法人资格企业的技术负责人批准，同时履行批准签字手续。

在施工现场临时用电组织设计（方案）编、审、批过程中，

要同时填写编、审、批表，履行编、审、批手续。施工现场临时用电组织设计“编、审、批”表可参考表 4-1 制作。

**施工现场临时用电组织设计“编、审、批”表　附表 4-1**

<table>
<tr><td>工程项目名称</td><td colspan="6"></td></tr>
<tr><td>编制人员</td><td>主编人</td><td></td><td>参编人员</td><td colspan="3"></td></tr>
<tr><td>编制时间</td><td colspan="6">年　　月　　日</td></tr>
<tr><td>报批时间</td><td colspan="6">年　　月　　日</td></tr>
<tr><td>设计内容摘要</td><td colspan="6"></td></tr>
<tr><td>审核部门</td><td>安全</td><td>技术</td><td>设备</td><td>施工</td><td>材料</td><td>监理</td></tr>
<tr><td>审核意见<br>（签字）</td><td></td><td></td><td></td><td></td><td></td><td></td></tr>
<tr><td>批准意见<br>（签字）</td><td colspan="6"></td></tr>
</table>

注：工程项目名称：×××工程施工现场临时用电工程。

经批准后的即可作为构建、使用临时用电工程或系统的依据，交付有关部门和人员具体实施。

## 附 4.2 施工现场临时用电组织设计（方案）的实施

### 附 4.2.1 构建临时用电工程

施工现场临时用电组织设计（方案）实施的第一步，就是构建临时用电工程。

### 附 4.2.2 验收临时用电工程

临时用电工程构建完成后要经过验收。按照《施工现场临时用电安全技术规范》JGJ 46—2005 的要求：临时用电工程必须经编制、审核、批准部门和使用单位组成验收组共同验收，验收合格后方可使用。临时用电工程验收时必须填写相应的验收表，履行验收手续。验收表可参考附表 4-2 制作。

**施工现场临时用电工程验收表** **附表 4-2**

<table>
<tr><td colspan="2">工程项目名称</td><td colspan="2"></td></tr>
<tr><td colspan="2" rowspan="2">验收人员</td><td>组长</td><td></td></tr>
<tr><td>组员</td><td></td></tr>
<tr><td colspan="2">检查时间</td><td colspan="2">自　　年　月　日至　　年　月　日</td></tr>
<tr><td colspan="2">验收内容摘要</td><td colspan="2"></td></tr>
<tr><td colspan="2">验收结论</td><td colspan="2"></td></tr>
<tr><td rowspan="2">签字</td><td>组员</td><td colspan="2"></td></tr>
<tr><td>组长</td><td colspan="2"></td></tr>
</table>

注：工程项目名称：×××工程施工现场临时用电工程。

施工现场临时用电组织设计（方案）及编、审、批表和临时用电工程验表均应作为现场重要档案资料归档管理。

# 参考文献

1.《施工现场临时用电安全技术规范》JGJ 46—2005. 北京：中国建筑工业出版社，2005

2. 中国建筑业协会建筑安全分会编，徐荣杰执笔. 施工现场临时用电安全技术暨图解. 北京：冶金工业出版社，2009

3.《低压成套开关设备和控制设备　第 4 部分：对建筑工地用成套设备（ACS）的特殊要求》GB 7251.4

4.《低压开关设备和控制设备　总则》GB 14048.1

5.《低压开关设备和控制设备　低压断路器》GB 14048.2

6.《低压开关设备和控制设备　开关、隔离器、隔离器开关及熔断器的组合》GB 14048.3

7. 徐荣杰. 施工现场临时用电工程的接地、接零保护系统.《建筑技术》第 20 卷第 2 期，1993

8. 徐荣杰等. 论建筑施工用电工程的防漏电保护系统.《中国安全科学学报》第五卷第五期，1995

9. 徐荣杰等. 施工现场临时用电工程的自备发配电系统.《沈阳安全生产》1993 年第 2 期总第 26 期，1993

10. 徐荣杰主编. 建筑施工现场临时用电安全技术. 沈阳：辽宁人民出版社，1989

11. 徐荣杰等. 施工现场临时用电施工组织设计. 沈阳：辽宁人民出版社，1992

12.《建筑施工安全检查标准》JGJ 59—2011. 北京：中国建筑工业出版社，2011